就爱住工业风的家

Industrial Style

漂亮家居编辑部　著

·北京·

CONTENTS

风格解析 Trend

空间元素 Case

布置提案 Display

单品推荐 Item

好店 & 设计师严选 Shop&Designer

注：书中的“坪”为面积单位，1 坪约为 3.3 平方米。

Trend
1
风格解析
Point

“工业风是一种突显个人生活的态度”

从生活本质创造空间风格——沈鸿涛

文｜陈佳歆
摄影｜ Amily

Joco Latte 咖啡厅设计师，成功地将既有空间打造成为地道的工业风格，空间采用金属、水泥及木材等原始材质铺陈，同时巧思运用既有的素材组合成各式家具。认为工业风是一种生活精神，能传递出更有趣、更多可能的生活感。

Q： 工业风的精神和元素包含什么？

A： 大约在 30 ~ 60 年前，家具和产品设计处于一个标准化、量化的生产过程，当时工厂制作能力还不成熟，产品在尽可能节省原料的情况下，同时考虑到耐用及实用，也保有一定程度的美感和设计感。近年开始追求一种不过度精致化的日常对象，因此又回过头流行当时工厂量化的产品。

Q： 为什么近几年工业风会流行？

A： 这几年除了强调回归复古的简单生活方式，和环保潮流也有关系。虽然家具看起来大同小异，但一件精致化的家具所花费的人力和资源浪费与顺应材料特性制作的家具相差很多，因此工业风的流行和环保思想有一定程度的关连，人们开始反思生活是否需要那么精致或被理性安排，或许可以利用现成对象得到一定程度的生活质量。

Q： 工业风家具家饰是否能轻易和其他风格混搭？

A： 如果居家空间想要创造出混搭风格，工业风家具是一个比较容易搭配的对象，因为工业风的设计比较直接明确，不用花太多力气去理解它的外型，而且工业风家具较为内敛，展现的是一种本质特色，可以轻易和其他风格融合，但前提是空间设定上有一定程度的混搭元素，如果是单一风格反而显得突兀，不见得适合。

利用生活中熟悉的铝梯布置空间，只要在踏板上放置层板，就成了具有个性的陈列架，同时也传递出用随手可得的生活物品，创造不过度装潢的简单生活的理念。

业风强调一种可替换性力能空间，这张桌子就是工厂堆货用的木栈板改而成，保留原始材质及样但调整成更适合使用的寸，而桌脚则是现成的不冈水管。

ヨ空间本质的装潢。在现代空间营造工业风，除搭配金属质感家具之外，还要尽量减少不必要的修工程，同时采用水泥、砖墙等原始材质表现早工厂不刻意装修、注重使用功机能的空间感。

Q： 居家空间的工业风格硬件的设计上要注意哪些？

A： 装修工程要尽量减少并采用原始材质，然而，每天要生活的居家空间要注意很多细节，居住者的安全性、清洁性都必须要考虑，像是较硬材质的边角收边，外露管线或者缝隙会不会残留污垢等，表现上会受到较多限制，不能原汁原味传递工业风，因此大部分都是局部融入工业风元素，要如何协调搭配是个挑战，如果处理方式偏离工业风原意，比较像是某个时代的消费流行。

Q： 想要在家中尝试工业风，哪个空间较为适合？

A： 如果家里想要尝试工业风格不妨从厨房开始，因为厨房是所有空间中较为注重使用功能的空间，较容易买到相对应搭配的工业风格产品，而且厨房大致上是一个人掌控的空间，能充足展现个人的生活方式和态度，家里的厨房大多是依照女主人个人使用方式和习惯来改造，不只是讲究装修的美感，更重视使用功能，就像是工厂对于设备实用性的要求高于造型一样。

Q： 工业风格居家对生活有什么影响？

A： 工业风的空间能延续屋主居住后的生活，让生活样貌影响空间风格，生活和空间较容易产生联结，屋主能将兴趣搜集收藏或者平日使用的东西适度展现出来，空间因此能随着喜好或心情改变，而不是一次性的室内设计，可以说工业风带来一种解放的观念，由于没有那么多制式的收纳，可以更随性自在摆放物品，但同时又是一种制约，因为对象没办法隐藏，必须随时随地整理摆放，所以工业风能为空间带出更有趣的生活感和更多可能性。

“改造不起眼的零件成为家具才是工业风真正有趣的地方”

文| 陈佳歆
摄影| Amily

无所不在的手作创意——吴启弘

摩登波丽创办人，早期从思考北欧风格的多元搭配，进而发现工业家具有趣的地方，他认为能 DIY 自己随手改造组合创造家具，是工业风迷人的地方也是工业风的精神，摩登波丽不仅贩卖经典且实用的复古家具，也提供订制与改造家具服务，希望玩味出更有趣的家具创意。

Q：工业风的精神和元素包含什么？

A：工业风家具当年为了方便制造而不讲究功能性，特色就是简单耐用，但工业风家具不能单看外表，而是一种 A+B=C 的创作精神，就是将不起眼的零件加以重组，改造创造另一件不同的家具，例如原本早期是锁在墙面的壁灯，底部加上汽车碟刹盘就变成一盏桌灯，工厂或者汽车报废厂也有能利用的零件，改造才是工业风真正有趣的地方。

Q：国外工业风和我国台湾常见工业风空间的差异在哪？

A：工业风空间有个重点，天花板高度要够高，因为原始的工业风家具都是从工厂拆卸下来再运用，然而台湾集合式住宅大楼没有高挑的空间感，国外空间较为宽敞，搭配工业风家具比较不会受到限制，因此台湾居家空间大部分都是在小区域营造，或者要挑选适合尺寸的工业风家具。

Q：居家空间要打造工业风，应如何规划？

A：大部分人觉得工业风的空间就是要有水泥地板、红砖墙等元素，其实可以颠覆一下概念，把木头元素和工业风铁柜、椅子等搭配，能呈现完全不一样的感觉，或者前一阵子流行拼人字形木地板搭配工业家具，都是后来工业风的改变；其实只要将空间多一点留白，墙面质感不要太过细致，再简单搭配工业风家具布置就很容易表现风格了。

启弘拿掉几个邮件柜抽屉栽且种一些室内植栽，不但搭了近年居家绿化的风潮，也工业风和绿色植物碰撞出让耳目一新的感受。

Q: 想要营造工业风格居家空间，在选购家具上可以给一些什么建议？

A: 这里会根据不同空间需求给予建议，例如想要打造一个工业感觉的工作室，可能需要一盏壁灯和工作吊灯，加上一张工业椅子其实就已经足够，客厅则建议在餐桌部分用一些灯具点缀，其他部分不用太刻意强调，即使真的喜欢也不一定整个空间都要工业感，因为毕竟不是商业空间，居家的安全、舒适性以及家人的喜好感受仍需要考虑进去，每天生活的住家还是要注重生活感。

Q: 工业风为什么容易和其他风格搭配？

A: 工业风只是个名词，重点是对象本身的特性，因为早期铁制家具材质、线条和造型特质很强烈，和其他家具搭配起来很容易聚焦，但不是有铁制家具所搭配出来的就是工业风，应该将它们单纯当做一般家具尝试搭配出自己喜欢的感觉，并不要刻意营造什么样的风格。

Q: 老件工业家具元素有哪些？

A: 工业风原始元素包括铁、木头、皮革材质，居家如果有这几个基本元素就能简单地营造出味道。早期工业家具只有一个尺寸所以不一定符合台湾居家空间，而且现在坊间仿制工业家具的很多，在挑选或订制时这些老式基本元素和一些细节都不能省略。

简单的方格铁柜，单加上几片斜放木板，改变了呆板的摆放方式，增添了视觉及摆放的多样趣味。

铁件、木材、皮革是工业风的3个基本元素，吴启弘说，“依自己的喜好尝试在居家中搭配这几个元素，就能展现好看的空间风格”。

“工业风藏着历史背景和时代纪念性”

迷恋老物件的灵魂——林宏一

文| 陈佳歆
摄影| 江建勋

Luminant 创办人，收藏各式工业风对象和老东西超过 10 年，进而从经营家具生意跨足到专卖工业风灯具、家具和怀旧老物，学机械的他，同时自行开发制造各式工业感灯具，打造自有品牌，让更多喜爱复古感工业灯的人，能有更多的选择。

Q：为什么会有工业风？它的起源是什么？

A：工业风家具大多延续 20 世纪 30 ~ 50 年期间手工业与工业化过渡时期大型工厂使用的家具，当时工厂家具材料多以耐用的铁、铜等金属为主，但因为制作技术并不成熟，因此质感和造型较为粗犷，随着时代演进，当一些大型工厂纷纷倒闭，开始有人收购工厂家具贩卖并再利用于其他空间，因此工业风格逐渐成形。

Q：不同国家工业风灯具的特色？

A：工业风灯具源自于欧洲或美国，体型较大的灯具大多来自法国、德国、波兰工厂；如果是较具功能性、可调整活动关节的灯具，其设计大多来自英国或美国；而小型灯具有些源自于船舱所使用的壁灯，或者早期锁在纺织工厂裁缝机上的照明灯，这种灯能改制为桌灯或小台灯。

Q：工业风格空间灯具应该如何搭配？

A：想要打造真正工业风，一定要跟环境联结，空间必须要开阔且尽量没有隔间，建筑最好有年代感，并保留天花管外露线、粗犷砖墙等，如果只是小公寓摆上几件工业风家具只能算是装饰。而工业风灯具可以依照不同空间选择配置，像是玄关墙面可采用壁灯，小台灯能装饰卧房床头，餐桌适合搭配吊灯，再与粗犷整体空间互相搭配，就有工业风的味道。

（截断）一张当年流传下来保存完（截断）的皮革椅，单一张椅子就（截断）传递浓浓的复古气息。

（截断）型简单而直接的老件工业灯（截断）每一盏灯背后都藏着各自（截断）历史背景和时代纪念性。

（截断）宏一的收藏品中有着大量的（截断）具、复古家具和工业风的老（截断）西，对他来说，工业风和老（截断）西之所以迷人，就在于这些（截断）西独有的“灵魂”。

Q：挑选工业风格灯具要注意什么？

A：老件灯具因为年代久远，为了安全起见，要检查电源和电线是否完整，更换全新电线是比较保险的做法。另外，欧洲工厂大型灯具电压大多为220V，与我们常用的电压一致，但在购买和使用灯具时还是应注意电压是否一致。

Q：工业风灯具有哪些选择？

A：工业风灯具大致分成3种：①库存品：早期留下来未使用过的新品，通常外形和状况较好；②已使用过：年代久远而且被长期使用，这种灯具看起来老旧有斑驳感，这也是工业风的特色，因为至今不再生产而具有保存价值，但价格相对也较高；③仿制品：因为工业风的流行，出现愈来愈多仿制工业风斑驳、锈蚀感的家具，价格较为便宜。

Q：工业风的精神是什么？一般人可以自己打造吗？

A：真正的工业风不容易营造，要结合所有环境和家具元素并了解其历史背景及内涵，并不是金属材质就是工业风家具，因为不同年代的工业家具都有其各自的造型特色，若想追求地道的工业风格居家，建议找有经验的设计师一起讨论，若是跟随流行盲从之，常常会混淆风格。

空间元素

Point

case 1

时尚工业感

竹北市
新房 _50 坪
夫妻

趣味混搭材质及色彩，打造工业风小酒馆公寓

文| 陈佳歆
图片提供| 大名设计

下班后，和好友窝在具有特色的风格小酒馆，喝点小酒聊聊心事，是许多现代人放松心情的方法之一，这对年轻活泼的夫妻就是小酒馆的常客，假日也会到设计感强的旅店感受不同空间氛围，既然经常去，何不把新家打造成私人小酒馆，让每天回家的路途变成最令人期待的时刻。

对于空间需求，屋主首先提出的不是收纳也不是格局，而是希望有一个两人英文名字的字体灯箱装饰。设计师应对风格包容度高的屋主，在空间的基本架构之外，大胆运用材质的转换及结合，丰富空间的层次及调性。 注重休闲感的居家空间里，公共区域的规划是展现整体风格的重点，地面部分利用材质转换来界定区域，同时引导行走动线，从入口玄关开始，选择黑色金属砖铺陈的三角形来延展视线范围，客厅、餐厅一直到卧房，以木质地板铺陈出休闲区域温暖轻松的氛围，然而介于金属砖与木地板之间的水泥粉光地板则作为两种相异材质的中介，同时成为进入寝居区域的指引路径。

开放式的客厅与餐厅，不拘泥于常用的居家建材，以铁件烤漆、冲孔金属板、镀钛及黄铜等金属搭配旧木、钢刷实木皮等木材质，运用丰富的素材及灯光，营造出小酒馆慵懒迷人的氛围，客厅电视墙的旧木不但呈现粗犷的肌理，同时利用斜拼的手法扩展视觉张力。餐厅区域则可以发现材质与家具之间的绝妙搭配，一张可容纳 6 人以上的木质大餐桌，刻意选搭不同设计的餐椅增添趣味，在镀钛覆面的收纳柜衬托下，点缀出复古奢华的怀旧感，闪着屋主名字的字体灯箱就在餐区醒目地亮着。不用特别订位，不受时间限制，这里就是属于 MIKE & ISA 的私人酒吧，最后在

屋主 一对年轻夫妻，个性活泼外向，喜欢运动，对于新事物的接受度高；在忙碌工作之余，每到周末或下班时，喜欢到不同的小酒馆品酒，聊聊天，通过不同的空间氛围的感受来放松心情。

绿色植物的衬托下，硬冷的空间增添了几分自然的活力。

设计师在不刻意强调风格的设计概念下，大胆地混搭粗犷与精致的材质，复古与当代的家具，并在原始材质色调中加入具有神秘色彩的土耳其蓝色凸显年轻活力，使整个空间表现出略带后现代的空间趣味。

格局 玄关、客厅、餐厅、厨房、主卧、更衣室、小孩房、客房、卫浴
建材 铁件烤漆、冲孔金属板、镀钛、黄铜、旧木、钢刷实木皮、染色夹板、手工砖、金属砖、水泥手工纹路、进口壁纸

1 / **开放公共空间营造放松氛围**

设计师特别为喜爱去小酒馆小酌的屋主打造了一个宽敞放松的公共休闲区，没有多余隔间的阻隔，仅利用地坪材质及家具界定不同的空间属性，空间也随着细腻的材质铺陈而产生丰富的视觉律动，结合灯光的营造满足五感体验，让人一踏进家门仿佛就进到一间私人会所般轻松自在。

2 / **斜拼旧木创造粗犷现代感**

客厅主墙以旧木大面积铺陈，未加修饰的表面带出浓厚的粗犷质感，也为大量金属材质打造的工业风增加居家温暖的感受，而非常规的斜纹拼法则创造出时髦的现代感，对角的线性走向引导着视觉，具有延展空间范围的效果。

3 / 谷仓门丰富空间风格

储藏室正好位于邻近餐厅准备进入卧室入口的中介区域，为了避免在此区有过多房门的视觉意象，故而特别设计无门框的谷仓造形门板，利用不同造型丰富空间风格，木纹鲜明的 OSB 板也增添了空间粗犷质感。

4 / 混搭材质打造十足小酒馆调性

设计师特别为屋主细腻打造餐厅氛围，除了结合洗糟的厚实木桌搭配多种造型餐椅，上方则以铁件打造兼具风格及实用性的置物架，后方收纳柜的镀钛材质隐约映照空间样貌，在字母灯饰的装饰下小酒馆的风格就十分到位了。

5 / **以水泥质感为主卧带入安心宁静**

主卧室延续整体空间风格调性，希望将水泥原始纯朴的质感为卧房带来宁静的氛围，因此墙面采用特殊的水泥油漆、水泥粉光来呈现水泥的色调，在细节处增添一些鲜明的色彩，让卧房不会过于冷调同时注入活泼轻松的感觉。

6 / **协调搭配多种材质及色彩**

随着特殊处理的水泥粉光地坪及包覆天花梁的黄铜材质进入寝卧区，土耳其蓝色的墙面也轻巧地界定出公共区域与休憩区域，在材质及色彩的缜密搭配下，使视野从不同角度观看空间都能感受层次的丰富变化。

01

02

Detail

设计细节

01 / 储藏室谷仓门

在进入寝卧区的转折处，采用碎木压制而成的 OSB 板作为储藏室门板材质，设计上表现有如谷仓门般的造型，不仅在材质上展现工业风的粗犷感，同时利用色彩点缀出时髦活泼的气息。

02 / 玄关地板迎宾设计

地板除了以不同材质区隔空间，让空间与空间之间有引导的作用，每个空间既独立也连贯，玄关地板部分也能看到材质混搭的设计细节，使用用黄铜、木头、铁件及水泥粉光创造一个有 Hello 字样的图案设计，欢迎着各位到访的朋友们。

03 / 天花板管线规划

空间以间接光及轨道灯作为主要光源，重新整理的天花板让轨道灯有秩序地排列，而无法移除的消防管线则喷涂上黄铜色来呼应整体空间的风格。

04 / 字体灯箱设计

屋主希望居家空间带一点工业风 ，也能加入一些色彩让空间不单调同时有点活泼感， 最重要的是，想要有他们名字在这个空间里，因此设计师就创造出了字体灯箱，让这个家成为属于他们独一无二的空间。

case 2

粗犷工业感

PARIS

新竹
新房 _23 坪
情侣、2 只猫

爱猫人不违合的工业风之家，活动式家具展现屋主的好客个性

文 | 陈佳歆
空间设计暨图片提供 | 丰墨设计

印象中工业风利用老房子来改造似乎更能带出狂放不羁的风格，这间位于新竹的新房，设计师为了满足屋主对工业风的喜爱，得好好想办法将平整的新屋改造成粗犷又不失个性的工业感，同时还要将 2 只猫咪的活动习性融入居家之中。

经过改变的空间，打开了隔间的局限，留下了宽敞的公共空间，仅利用家具来界定活动区域的属性，并利用可移动式的沙发、窗边卧榻及茶几等，创造空间使用的灵活性，让好客的屋主能随需求调整摆放方式；邻近客厅的厨房在移除轻隔间后，在餐厅与客厅活动的人都能保持良好的互动性，加上客厅后方的开放式书房，让整个公共空间成为一个亲友聚会的完美地点。

最特别的是，空间不着痕迹地将猫咪天生习性融入设计，在电视墙上以黑铁钢板设计错落的层板，让猫咪能循着层板跳跃接续天花板边缘的猫道，一路延伸到底部书架，串连成一条专属于猫咪的活动路径。

粗犷的纹理和金属材质，一直是表现工业风的关键元素，因此设计师不得不在新成屋中“搞破坏”，不但凿开主墙平滑的表面，裸露出墙面底层的原始水泥材质，同时配合屋主轻食的饮食习惯，在移除厨房的轻隔间后仅保留里面的 H 钢结构，并以红砖砌成的墙面搭配镀锌钢门板作为端景，呼应着水泥镘光处理的料理台。

配合空间风格所订制的家具，尽可能采用单纯原始的材质，同时以不同的上漆方式来表现金属特色，像是天花板重新整理设计的轨道灯及放置视听设备的金属扩张网，或以纹理粗犷的 OSB

屋主 都在竹科工作的年轻情侣档，养了 2 只个性截然不同的猫咪，两人都偏好粗犷不刻意的工业风调性，热情好客的他们，假日喜欢招待亲朋好友来家中聚会，宽敞灵活的公共空间是他们向往的生活区域。

PARIS

板制成的沙发及书架，夹板打造的计算机桌都未刻意修饰处理表面，让材质本身的特色散发出空间自己独一无二的色彩及个性。

格局 客厅、厨房、书房、主卧、次卧、储藏室

建材 OSB 板、松木合板、铁件（烤透明漆）、铁件（烤绵绵漆）、镀锌钢板、H 型钢柱、红砖、水泥镘光

1 / 依照猫咪习性设计连贯猫道

疼爱猫咪的屋主希望在满足空间风格之余，也能结合猫咪的活动习性，因此从电视主墙开始以黑铁钢板规划左右错落的层板，让猫咪能循着路径进入天花板的木制猫道，搭配书房后方的格子书架，形成猫咪可以尽情玩耍的游戏区域。

2 / 画框概念凿开平整墙面

为了让新房也能有工业风的粗犷感，因此必须适度地破坏原始空间的平整感。在设定范围后，以画框的概念从玄关开始凿开白墙表层，让不平整的水泥墙做背景，衬托出空间风格的主轴调性。

3

4

3 / 以轨道灯为画笔描绘天花板

重整天花板原始管线后，特别将轨道灯视为空间的装饰元素，配合区域光源的需求，重新设计轨道的排列组合方式，并以金属扩张网作为放置投影设备的结构，使工业风的细节从平面延伸到天花板。

4 / 特殊手法表现空间特色

由于是新房，因此利用多种特殊工法表现工业风的特色，像是以凿刀刻意敲出墙面的不平整感，或者以水泥镘光手法涂抹厨房台面的独特纹理，甚至连新砌的红砖墙都做旧化处理，而书架铁件则是烤上有龟裂纹理的绵绵漆来强化工业风的氛围。

5 / 搭配工业特色的配件

设计师为了呈现纯正的工业风，在装饰细节上也不马虎，不但刻意外露金属材质管线并搭配复古开关，储藏室也挑选特殊门把，使整体工业风格更为细腻。

5

01

02

Detail

设计细节

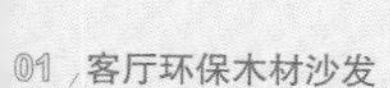

01 / 客厅环保木材沙发

沙发框架由具有鲜明碎木纹理的 OSB 板制成，加装滑轮的移动式设计可以灵活变化摆放方式，平时可当成一般 L 型沙发使用，当朋友临时留宿时还可以拼成一张床，下方增加收纳设计，也是爱猫捉迷藏的地方。

02 / 客厅电视主墙层板

以黑铁钢材打造的主墙层板，一方面作为展示架使用，另一方面具有猫咪玩耍的跳台功能，黑铁钢外层仅喷涂透明烤漆，以延缓钢材锈化程度。

03 / 独特纹理的厨房料理台面

厨房移除轻隔间后使公共空间的互动性更为活跃，厨房料理台面则为了呼应整体风格，请具有经验的水泥师傅用水泥加上色粉以镘光处理，创造独特的表面纹理。

04 / 仿旧处理砖墙及钢材门板

表面未加修饰的红砖墙展现出空间的原始朴实感，再经过仿旧处理后更能营造出历经岁月的痕迹，特别搭配镀锌钢材质门板，创造有如工厂、仓库般的样貌。

case 3

纽约工业感

新北市
二手房 _80 坪
夫妻

日光绿意串联，保有自然的纽约工业风

文| 许嘉芬
空间设计| 纬杰设计
摄影| 苏家弘

聊到为什么会喜欢工业风，身为皮件设计师的屋主苏家弘说，“自己对于手作非常有兴趣，除了皮件，也很喜欢玩木工、铁工，因此便希望这次换屋能以工业风、Loft 风格为主，但一方面他希望不要过于粗犷，冰冷铁件餐椅也并非首选，毕竟家还是应该要以舒适为主。”回归到住宅条件本身，王琮圣设计师表示，工业风讲究的是没有隔间的设计，空间多以开放型为规划，但是独栋三层楼的住宅原始格局不佳，一、二楼塞满了很多不同的功能、区域，除了拥挤狭窄，光线也非常薄弱。

于是，整栋格局要归零重新规划，一楼公共空间将必须隐秘的浴室、储藏间、客房以及一字型厨房集中于一侧，同时增加后院景观廊道的设计，甚至在中段餐厅区域利用挑高楼板、屋顶开设天井，于水平轴线获得开阔延伸的视觉感，对于垂直向度而言则带来良好的循环对流，弥补了光线的不足。到了二楼，特意放大的起居室两侧正是主卧房、长辈房，局部玻璃隔间的运用以及卧房皆有的景观阳台规划，使光线与空间感获得全然的满足。

为了响应屋主对简约温暖工业风的期待，独栋三层楼的住宅，一、二楼融入大量的温润材质，如木头、皮革等，而真正工业感十足的空间则主要落实在苏先生使用的三楼工作室。一楼公共厅区置入水泥粉光、红砖墙这类原始自然的工业感素材，特别是沙发背墙的水泥粉光，可是设计师不断试验而来的心血，拥有一般水泥粉光罕见的渐变层色彩效果，也较为细致，挑高天井墙面则是刻意敲打至原始红砖面，比起其他材质，红砖墙更能表岁月的痕迹感。值得一提的是，为了让这个家更有属于屋主的个性，设计师将电视主墙设定的皮革材质交由屋主苏先生处理，“这块皮革是我自己染的，很多人用皮革绷电视墙，但不会有人用植鞣皮革，

屋主 苏家弘为皮件设计师、广告导演，平常也热爱摄影，对空间很有想法，但装修过程中十分信任设计师的专业，认为不要过度地表达意见，反而能让设计师发挥得更多。

它的优点是会越用越亮、越来越好看。”苏先生说道。

转至二楼主卧房与长辈房，提高了木头材质比例，并且不用旧木料，而是选用杉木板染出朴实感，“卧房部分还是要考虑舒适性，旧木料的平整性较差，在维持工业风的精神之下，希望能保有一定的细致度。”王琮圣设计师表示。三楼工作室就是原汁原味的工业风，保留原有的铁皮构造增加实墙的构造，挑高屋顶的空间感呼应由仓库演变而来的风格架构，这里转换为旧木料搭配旧木门的装点，加上皮革收纳室也特别选用黑铁网门片，除了符合风格，屋主在使用上也比较方便，又能阻挡爱猫的攻击，而工作桌上方的照明，更是整合收纳需求，方便屋主放置常用的皮

格局 客厅、餐厅、厨房、主卧房、起居室、客房、长辈房、主卧卫浴、长辈房卫浴、工作室
建材 超耐磨地板、水泥粉光、旧木料、玻璃、铁件、木纹砖、皮革、杉木板

件工具。即便是工业风格住宅，然而设计师不论材质或是实用性皆面面俱到，空间不仅有氛围也住得更舒适。

1 / 手染皮革电视墙随时间更有光泽

电视主墙是屋主亲手染制的皮革，身为专业的皮件设计师，他特别选用植鞣皮革绷饰，比起常用的软皮，这种皮使用时间越久反而会更亮更好看。

2 / 释放水平轴线换来开阔与通风

拆除原本不当的格局配置，将浴室、厨房、储藏室等必须的隔墙集中于一侧，好让开放客厅、餐厅能毫无阻挡，空间极为宽敞，加上房子尽头重新开设落地窗，前后就能产生对流，使通风变更好。

3 挑空天井带来充沛日光

屋子的纵深长导致中段采光略显不足，于是设计师将楼板挑空，直接贯穿至三楼工作室并开设天井，光线充足了，也因为烟囱效应带来了良好的对流。

4 / 超长 5m 餐桌与中岛整合

长达 3m 的餐桌与 2m 中岛结合，衬托出空间感，为了让总长 5m 的量体更显轻盈，餐桌底下仅运用单支铁件做支撑，餐桌侧边同样以单支钢构固定于楼板，让餐桌看似悬浮，显得轻巧。

5 / 贯穿二楼红砖墙流露岁月感

为传达工业感的原始、粗犷意象，将垂直墙面刻意敲打至见砖面，整齐排列的管线则起到装饰功能，强化工业风的结构性。

6 / **杉木染色拼贴带出自然意味**

主卧房在工业风的原始架构下加入温润的木头素材，响应屋主对休憩氛围的期许，因此，床头主墙并不以旧木料铺贴，而是选用杉木板染出朴实的色调，格局上也刻意退缩，创造出舒适的阳台，与相邻的山壁绿意更为亲近。

7 / **环绕自然绿意的玻璃浴室**

期待生活有如度假般，主卧卫浴结合villa概念，玻璃隔间、落地窗景的设计，有如沐浴森林中的惬意自在，淋浴间特别选用木纹砖材，既有自然放松的效果，也具有耐水性、好保养。

8 / 旧木料加大量铁件打造仓库工业风

以工作室为主的三楼空间，挑高铁皮屋顶带出工厂、仓库般的空间感，这里运用的就是更为粗犷的旧木料，铁件比例也随之提高，展现原汁原味的工业风。

01

02

设计细节

01 / 方管 + 铁件订制好用的货柜门

工业风不可或缺的货柜门，实现于三楼工作室，然而考虑真实的货柜门重达 120 公斤，使用上相当不便，因此设计师利用方管和铁件打造出看似有货柜感的门片，实际上却更为轻巧好开。

02 / 渐变层水泥粉光墙面

相较于一般水泥粉光的色泽偏浅灰色调，沙发背墙的水泥墙面是经过不断试验而来，独特的渐变层色泽与凹凸立体纹路结合，原始中带有粗犷的视觉效果。

03 / 不锈钢管凹折浴缸出水口

为强调出自然原始的沐浴氛围，有别于现成的卫浴龙头，设计师特别与水电师傅共同讨论出以不锈钢管直接裸露做出水口，未加以修饰的粗犷感更与工业感十分吻合。

case 4

运动工业感

GYM
24°79'N
121°01'

新竹
新房 _30 坪
1 人

专属 Loft × Sport 风限定！MR. GYM 的健身房住家

文｜黄婉贞
图片提供｜法兰德室内设计

30 岁的 GYM 先生买下自己人生中的第一个家，对于工业风情有独钟的他，找到擅长工业风的法兰德室内设计，希望通过设计师的专业巧手打造独一无二的专属运动 Loft 住宅。“男主人平日忙于工作，闲暇时间则投入健身、夜骑等活动，拥有多方面的兴趣休闲，让人感受到积极、活力十足的生活态度，我们希望将这个特点融入设计当中，化作个人住家中最自然的装饰和代表元素。”设计师表示。

针对一开始的空间格局重整，设计师首先拆除电视墙后方的狭小密闭书房，打造出多功能工作、聚餐空间，结合原本的客厅、餐厨区，形成全开放的公共厅区，令空间互享效果达到极致。玄关入口处则特别采用货柜门造型隔屏与铁网、仿水泥墙面作为过渡，解决屋主父亲在意的风水问题。

“原本担心隔出廊道会过于压缩玄关空间，后来规划导斜吧台餐桌带动动线，配合局部铁网围篱设计、鲜黄色货柜造型隔屏等视觉转移方式，完工后非但没有原先烦恼的问题，特殊的铁网挂钩收纳与黄色隔屏上的住家坐标条形码印刷，反倒成为令来访亲友眼睛一亮的‘热门景点’！”设计师笑着说。

住家另外一个吸睛的焦点非悬挂于厅区中央的脚踏车莫属！与旋转电视上下比邻的位置，绝对称得上住家的黄金地段。为什么会将“爱骑”宝座设置于此呢？原来是 GYM 与设计师的讨论结果——运动工业风是这个案子的设计重点，而脚踏车则是屋主最具有代表性意义的单品，将其挂在住家中心位置已非单纯的收纳，而是一种直截了当呈现屋主生活态度的方式。此外，设计师还在临窗梁侧钉上壁挂式单杠握把，贴心的位置安排与专业

屋主 GYM 先生平常工作繁忙，闲暇时间喜欢健身、夜骑、拼图等活动。欣赏 loft 工业风呈现出来的随性感，希望能在新家设计中感受到独属自我的生活氛围。

安全的承重计算，让 GYM 能一边健身、一边悠闲欣赏住家最佳景致。

环顾住家四周，厅区主要采用特殊水泥涂布天花、壁面，降低背景彩度，是营造自在舒适感的关键所在。与此同时，局部使用木丝水泥板、木百叶、仿旧文化石等自然元素，加入些许鲜黄亮眼的沙发、隔屏、镜面框架画龙点睛，点出功能区域主题，令居家整体看来更加内蕴低调却不失重点，摹画利落无压的随性工业风氛围。

格局 玄关、客厅、餐厅、书房、厨房、卧房、卫浴
建材 铁件、旧木料、黑镜、木丝水泥板、特殊水泥涂料、仿旧文化石

1 / く型吧台桌引导进门动线

餐厨空间有限，但设计师坚持住家一定要有一个正式的用餐空间，所以在原有的L型橱柜侧斜接出一张最多可坐四人的轻巧台面，方便料理用餐使用；微妙的倾斜角度刚好保持入口过道与餐厅进出宽度的平衡！

2 / 厨房降板天花，妥善安置杂乱设备管线

厨房装设局部天花，形状特意与下方く型餐桌相呼应，住家大部分的管线设备皆妥善规整于此处，成为开放式厅区的隐性功能区隔。

3 / 仿旧壁面材质，表达不同区域主题语汇

利用货柜隔屏为界，右侧玄关鞋柜门板采用仿旧木条做出动感的斜拼线条；左侧则以特殊水泥涂料打底、仿旧文化石错落不羁地拼组出随性画面。截然不同的主题材质以仿旧、粗犷情调作为媒介，巧妙联结不同功能区域。

4 / 开放式书房，浓厚仿旧木质气息自成一格

书房设置大桌面的仿旧长型桌，与柜体、木百叶等自然元素相呼应，温润、自在的气息即使没有隔间也在开放空间中自成一格！

5 / **丹宁色复古风席卷主卧**

让人眼睛一亮的主卧墙面，采用木工订制的丹宁色木料搭配特殊水泥涂料壁面，特殊的蓝灰色从卧室入口处蔓延至更衣间入口，是兼具年轻个性感的仿旧主题设计。

6 / **红酒箱床头柜，随性氛围延伸寝区**

次卧选择主题色彩强烈的壁纸铺贴床头，一旁用红酒箱改造而成的收纳柜则是画龙点睛的重点所在，仿若不经意的堆栈手法、转换功能的旧家具，成功延伸厅区氛围。

GYM
01
24°79'N
121°01'E

02

设计细节

01 / 鲜黄色货柜造型隔屏

货柜造型隔屏是以木材、烤漆加工制作而成，搭配真正的金属管线，营造出立体真实的视觉效果。面板上方的名字、坐标、入住日期、条形码等，皆是利用激光切割模板喷制，属于屋主独一无二的住家烙印。

02 / 水管握把单杠

位于临窗横梁侧的单杠握把是由水管加工制作而成，令运动元素与工业风结合于无形！水管是以建筑结构使用的八角螺丝牢牢钉于墙上，达到成人吊挂时安全无虞的承重标准。

03 / 书房区铁 × 收纳柜

书房收纳柜是以黑色铁件作为柜身骨架，再挑选仿旧木料制作木板与门板，是屋主喜爱的简洁方正造型，浓厚的历史洗炼感更为空间营造出随性自在的生活情境。

04

05

04 / 水泥、仿旧砖主题背墙

客厅沙发背后为住家最大面积的主题墙，设计师利用特殊漆模拟原始的水泥粉光背景，再运用深浅不一的仿旧文化石随性铺贴其上，刻意镂空不贴满，诉说屋主不拘小节、没有制式规则的自由生活态度！

05 / 玄关铁网围篱

设计师为了不让入口过道过于阴暗逼仄，在与餐厅相邻处利用订制铁网做出穿透围篱，除了达到隔屏功能，在实际使用上则可加装 S 型挂钩，悬挂收纳帽子、钥匙等物品。围篱本身需要特别订制尺寸，色系上可挑选金、银、仿锈等不同漆色。

06 / 丹宁色仿旧铜扣门板

主卧寝区通往更衣室的门板采用全木材订制而成，采用灰褐色调木皮结合特殊丹宁漆，为单纯的仿旧主题掺入年轻、个性的元素；值得一提的是，门板上的铜扣也是由木工师傅打造而成，惟妙惟肖的设计细节，不仅让整体氛围加分，也解决了金属表面氧化问题。

case 5

混搭工业感

混搭家具，让工业风充满人文气息

文| 许嘉芬
空间设计| 韦辰设计
摄影| 沈仲达

原本对空间风格不甚熟悉的屋主 Andy，准备装修房子之前，正好在网络上看到一间以工业风格打造的工作室，于是和几个好友相约实际造访，发现自己对于原始、粗犷的材质特别喜爱，随后经朋友介绍认识了韦辰设计林农珅设计师。

针对 Andy 喜爱的工业风，设计师认为，一般商业空间大可采用极为刚硬、粗犷的表现，然而居家空间并不太适合，加上 Andy 希望这个家是可以长久居住的，担心太过特定的风格会褪流行，因此在设计师的建议之下，除了加入水泥、红砖、管线外露等工业特质，更跳脱非全然的工业感家具，而是选用布料沙发、单椅，试图在工业风格的框架之下增添家的温暖度。

从原始房屋状况着手，房龄 20 多年的老房，早期配置了四房二厅，后来更演变为舞蹈空间，所有的格局势必得重头规划，这对于打造工业风格来说反倒是优点，因为工业风的特色是房子的原貌不经修饰，呈现出简朴怀旧的样貌。于是，设计师在几道重新规划的墙面，电视墙、餐厅主墙、卫浴、主卧房区域皆以水泥粉光构成，沙发背墙更是在砌好红砖后，便不再填缝，而是保留原有的勾缝，透过水泥粉光、红砖墙的自然原始质感，呼应工业风率性且不多加修饰的态度。

不过度装潢、裸露原始结构，是工业风格令人着迷之处，Andy 家舍弃了天花板施工作业，走明管线路，“比较可惜的是天花板不能恢复成毛坯屋的样子”，Andy 说道。其中，长达 350cm 的餐桌是由设计师亲手绘制订制的，超大餐桌成为进门焦点，同时也符合书房需求，所以设计师也贴心将插座线盒隐藏在木桌板下，需要时打开一片木料即可使用。特意混搭的不同灯具

屋主 Andy 从事动态影像媒体，希望这次翻修能用轻装修、重装饰的方式，而且并不急着买齐所有的家具，宁可慢慢逛找到最适合这个空间的单品。

材质亦巧妙地划分出功能属性，金属结构吊灯呼应工作事务，左侧的蛋糕吊灯则联结了用餐情景。

工业风的设计多半来得直接且充满个性，铁件、水管的运用相对较多，Andy 家一进门的右侧隔屏便以铁件作为结构，搭配不同质感的玻璃，区隔空间之外也能达到保持光线通透的效果。另外像是餐厅后方的书柜、更衣室衣架、大门把手更以水管车牙打造，传达工业风较为冷酷的质感，整体空间色调亦维持在黑白灰的基调下。然而在生活对象的陈设上，Andy 和太太也发挥了不少创意与用心，举例来说，书不全然立着放，有些是叠着放，趣味的海报裱框后更是随性地放置于过道，门牌也被 Andy 拆下

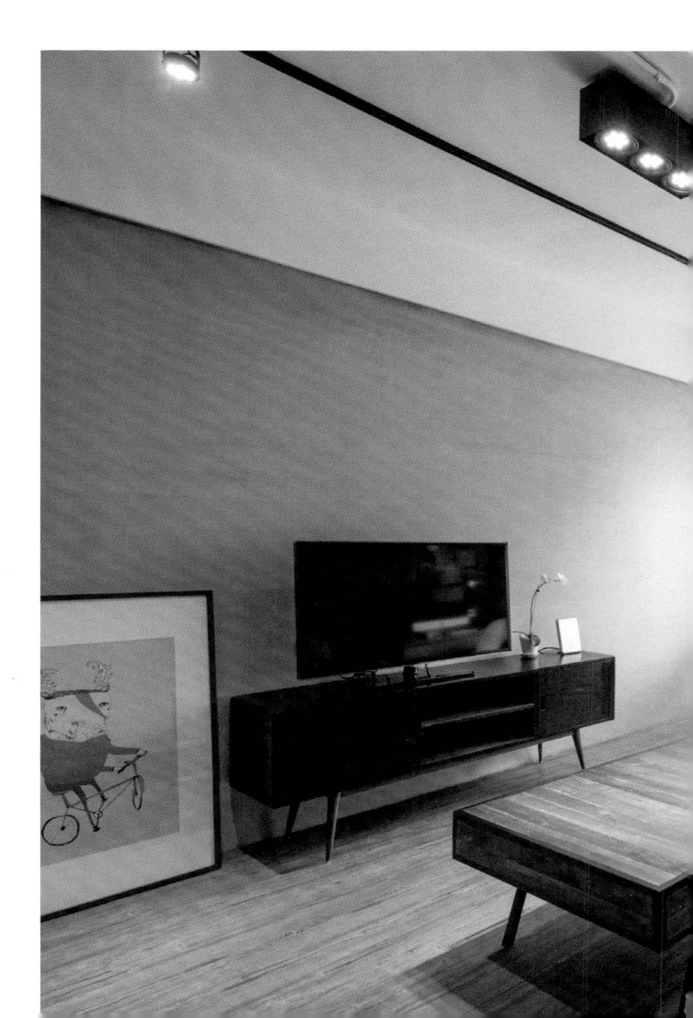

格局 客厅、餐厅、厨房、主卧、更衣室、主卧卫浴、小孩房、客用卫浴
建材 铁件、塑料地板、水泥粉光、空心砖、红砖、玻璃

放在红砖墙上，营造出复古怀旧的氛围，鞋柜则以中式古董柜取代，既是装饰也让工业风格多了冲突对比的效果。

1 无特定隔间的角落书房

回溯工业风的起源，由旧仓库衍生而来，也因此多为开放格局，设计师将沙发旁的空间设定为书房，搭配 Andy 选购的温润木桌、布沙发和经典北欧单椅，为工业风注入温暖感受。

2 特色家具让家更有型

工业风的个人特色在于生活对象自然地融入空间，而非完全隐藏起来，Andy 对家具的搭配也格外用心，装潢期间同时进行家具采购，空间成为背景，凸显属于屋主的自我风格。

3 鹿头壁灯带出光影气氛

通往主卧房的走廊尽头，灰色水泥墙上简单地悬挂了一盏白色鹿头壁灯，既提供光线也兼具装饰意味，刻意选用白色对象是为了与相对的玄关端景作为区隔，避免互相抢夺视觉焦点。

3

4 / 不加以修饰的主卧房

主卧房同样采取水泥粉光墙面为背景，没有多余的装饰性对象，展现的反倒是屋主添购的寝具、单椅，让空间更有生活感。

5 / 水管衣架取代衣柜更具弹性

工业风诉求不过度装潢，木材比例相对也会减少，主卧更衣室便采用水管车牙构成上下两排长形衣架，主要做吊挂衣物收纳，其他折叠或贴身衣物就用一致的收纳箱整齐摆放，未来还可依需求弹性调整摆设。

01

02

Detail

设计细节

01 / 没有修饰的红砖墙

源自旧工厂、旧仓库空间的工业风，最大特色就是保留既有的墙面，因此 Andy 家的沙发背墙便以红砖砌成，即便有些微缺角也呈现自然样貌，勾缝刻意不填满，重现工业时代的画面。

02 / 铁件 mix 旧木料拼接 350cm 长大书桌

屋主为兼具书房功能的餐厅特别订制了 350cm 长、140cm 宽的超大书桌，桌面选用旧木料拼接而成，而非全部的铁件材质，为空间注入了家应有的温暖氛围。

03 / 水管车牙组成书架

强调随性自在的工业风装修中木材使用比例极低，柜子也大多以开放型为主，Andy 家巧妙运用水管车牙构成书架结构，摆放夫妻喜爱的对象，或立或叠，展现两人的生活品味。

case 6

时尚工业感

新北市
二手房 _17 坪
夫（一人在台）

复合多功能，
仿旧年代感的时尚工业小宅

文| 黄婉贞
空间设计暨图片提供| 浩室设计

一个已婚男子的独居公寓该是什么样子呢?

开放式的 17 坪公寓，大面积延伸的烟熏文化石模拟仿古红砖的沧桑气息；斑驳的超耐磨木地板就像是踩下去会咯吱作响的老旧木地坪；住家中心破损的白色墙面搭配工业壁灯，粗犷中带点摩登感，透露出都会人夫特有的时尚氛围。

屋主东先生从小就在国外生活，习惯开放式住家的自由空间感受以及工业风予人阳刚、随性的洒脱风格。效率十足的他从网络上找到心仪的设计案例后马上跟设计公司联络，丈量后第一次见面就完成 50% 定稿，很快就进入了施工阶段。“每次与屋主见面除了简单进行‘正事’——挑建材、讨论细节外，大部分时间都在天南地北地聊天，比起在工作、更像在跟朋友聚会！”邱设计师说道。

就是这样合拍，设计师对东先生的住家特别有灵感，到现场监工总是会有神来之笔。“有次我到现场监工，觉得住家中心白墙好像少了点什么，灵机一动觉得破损墙面应该会很有味道，紧急征得屋主同意后马上请师傅现场手工开始打墙，成品果然与整体工业风格相互呼应，达到了画龙点睛的效果！”最后再装上工业壁灯，灯光一打下来，在光线与阴影衬托下，细细描绘出墙面的粗糙肌理，创造出独有的历史年代质感。

设计师为了完成屋主开放式住家的需求，更动旧有两房两厅格局，打通一房加装玻璃铁件拉门作为书房、客房使用。主卧墙面向厨房位移 60cm 扩大睡寝空间，才摆得下屋主睡惯的 King size 大床；厨房位移，让阳台门置中，住家十字轴动线隐然成型，打造出空间互享、动线自由的灵活小宅。

屋主 30 多岁的东先生从小在国外长大，学成后返台工作，与妻女台、港两地居住。独身一人生活的他，延续从小熟悉的国外记忆，喜欢开放空间感以及随性的工业风。

Coca-Cola
PANERAI

17 坪住家给一人独住其实绰绰有余，但若是依照大客厅为主的固有设计方式并不符合东先生的生活模式，过多的功能切割除了空间会显得狭小零碎，使用效率低下。“屋主平常的兴趣是弹奏尤克里里，周末休闲则是出门玩生存游戏，朋友到家里作客的机率较低。”在了解东先生的生活习惯后，设计师将餐厅作为住家生活重心，中心位置摆上一张装有滚轮的大餐桌，办公、用餐、看电视都能在这儿解决；临窗侧的起居区域利用熊椅装饰，就成了尤克里里个人独奏区。椅子的黄色与门边对讲机的军绿，巧妙点出屋主的休闲兴趣，与周遭对比的跳色手法，赋予住家活跃的生命力。

格局 卧房、客 + 餐厅、书房、卫浴
建材 水泥粉光、瓷砖、超耐磨地板、油漆、烟熏文化石、水泥粉光（调色）、铁件、玻璃、吉野杉

1 / 大餐厅模式更贴近屋主生活起居

因应居住者的生活习惯，跳脱出大客厅的思维，以餐厅作为生活的中心区域，搭配窗边的沙发休憩区，独到的空间配比，更加贴近东先生的日常起居。

2 / 开放住家拥有灵活动线

拆除一个房间、隔间墙与厨房位移释放出开放式的公共空间，十字轴动线隐然成型，搭配可自由开阖的书房玻璃拉门，方便根据屋主不同需求而灵活调整。

3 / **浓浓历史仿旧感萦绕厨房地壁**

厨房水泥粉光墙面、烟熏文化石搭配斑驳感木地板、灰白色调橱柜面板，共同具备的浓厚历史感作为共同的连贯元素；上方留白天花与不锈钢面板则是保持视觉平衡的关键元素。

4 / **大床下方平台是住家主要收纳柜**

为了摆得下屋主睡惯的 King size 大床，主卧与厨房隔间墙进行 60cm 的位移工程。而大床的下方平台则是可上掀的大型收纳柜，是住家主要的收纳空间。

书房兼客房复合功能好方便

5

将原有房间拆除、改成书房使用，特别选择沙发床、加装玻璃拉门，当亲朋好友留宿时马上变身客房。

01

Detail

设计细节

01 / 灰白仿旧橱柜表现历史艺术风格

订制橱柜的面板是设计师特别找到的艺术面材，再另外与不锈钢台面组装而成，斑驳仿旧的风格非常适合工业风住家。

02 / 假管线装点工业风天花

真的管线还是埋在天花板中并没有特别破坏拆出来，设计师利用不锈钢水管喷漆吊挂天花，模拟工业风住家裸露管线的视觉装饰。材料本身并不贵，而泥作、油漆不同工种分次完成较麻烦，工钱也较贵。

03 / 厨房隔间墙用水泥粉光装低调

厨房与主卧间的墙面有位移，因此直接将壁面改以水泥粉光作为面材。这里的水泥粉光还另外加入了色粉调色、喷水等动作。

case 7

轻工业感

台北市
二手房 _16 坪
单身女生

糅合北欧风软装饰，连女生都爱的轻工业风

文| 许嘉芬
空间设计暨图片提供| 隐室设计

喜欢工业风的都是男生吗？那可不一定！这间房子的主人是单身女性，而且从事音乐创作，对空间风格很有想法，更偏好充满个性且率性的工业风居家，更大的挑战在于 16 坪的空间不仅需满足居住，也必须兼作音乐工作室使用。

一楼 10 坪的空间里头，除了浴室，没有固定的隔间，横梁结构也大方地予以裸露，一方面受限坪数，同时更带出工业风最重要的无私、开放的特征，拆除原有装潢后墙面还原至水泥粉光，尽可能呈现结构重点。设计师白培鸿说，“工业风的趣味在于个性化的生活空间与态度，具有设计感的家具和软装饰的运用反而比空间本身更重要。”也因此，他习惯花很多时间了解屋主的生活、喜好。

以这个音乐创作者的家为例，因为是工作室，所以音乐创作时的回音必须解决，但屋主又不喜欢一般的隔音布料，于是设计师选用牛仔布订制，其风格亦与工业风粗犷质感相互呼应。至于音乐人收藏的数把吉他，则以黑铁网壁柜打造，作为展示吉他、修饰电表箱、还可以悬挂海报，身兼多种用途，转折至厨房，则成为实用的厨房壁柜，而铁网金属元素更是工业风的象征之一。从需求为主轴所营造的工业氛围自然不造作，配上屋主喜爱的北欧经典家具、活动层列架的运用，创造出独有的温馨工业感。

开放的空间框架下，其实并未明确界定区域属性，一张移动灵活的餐桌兼工作桌，几张椅凳、单椅，皆能依据屋主需求弹性且随性地被运用；友人们到访时放下投影布幕随即变成舒适的电影院，悬挂侧墙的电视可随着角度调整，不论哪个角度皆能观赏；楼梯下的电器柜设置，柜体台面更隐藏着备餐台，可拉出至厨房使用，小房子的功能五脏俱全。

屋主 音乐创作者，是个有想法且很有个性的女生，除了创作之外，也喜欢邀约好友们来家中聚会，希望自己的家能与众不同，本身也非常会收纳。

打开卫浴空间，则是截然不同的复古风貌，长型结构划设出泡澡、盥洗功能，黑白对比六角马赛克拼贴出小花图腾，浴柜搭配台式老窗户，壁面以缅甸柚木铺陈，带出怀旧的复古风味，也为这间工业风小宅增添温暖情感，凸显屋主的个人特质。

格局 客厅、餐厅（工作区）、厨房、卧房、浴室
建材 海岛型胡桃木、黑铁镀锌板、H 钢、缅甸柚木（自然推油）、水泥粉光、铜管、ENT 管

1 / 层板包覆不锈钢板突显结构感

客厅旁的书架乍看为木头材质，其实每一个层板皆包覆不锈钢板，加入微量的金属工业元素，也让柜体的结构性更为明显。

2 / 铁网壁柜收吉他也收厨房用品

工业风强调布置可以很随性，生活小物也能成为一种装饰，而且木材的比例极低，因此设计师利用铁网壁柜作为背景，海报、吉他就是最具生活感的装置艺术，右下方的鞋柜也是延续铁制元素让空间更具整体性。

3 / 电视仅是空间配角

相较一般非得要有电视主墙的设计，小房子并没有所谓的电视主墙，悬挂位置也安排在侧墙，让生活、空间感更不受拘束，然而每个角落都能观赏使用。

4 / 六角马赛克拼花增添复古感

与露台相邻的泡澡区，搭配复古六角马赛克瓷砖做出拼花图腾，加上桧木桶、木平台的设计，营造出怀旧氛围。

5 复古老式窗户增添生活感

长型卫浴空间大量运用木头材质来平衡工业风居家的暖度，浴柜下方更加入老式窗户取代一般门板，加强复古氛围，增添生活感。

01

02

Detail

设计细节

01 / 自然不造作水泥粉光墙面

工业风居家在壁面上十分强调水泥感特色，响应过去旧仓库未加修饰的壁面，也因此在公共空间部分绝大多数使用水泥粉光墙，呈现原始不造作的味道。

02 / 黑铁网收纳吉他

身为音乐人的屋主收藏了几把吉他，将工业感的铁件元素发挥于此，巧妙成为吉他收纳展示架，同时延伸作为厨房壁柜。

03 / 结构鲜明的钢构+铁件扶手楼梯

通往二楼夹层卧室的楼梯选用H型钢构打造，加上铁件扶手强化其结构感，减少过多材质修饰，展现最纯粹的样貌。

case 8

英式工业感

自律

高雄市
二手房 _30 坪
夫、妻

把咖啡馆搬回家，随性却不失质感的英伦工业宅

文| 许嘉芬
空间设计暨部分图片提供| Reno Deco Inc.
摄影| 蔡宗升

屋主 Catherina 和丈夫只要有空就喜欢往咖啡馆跑，喝喝咖啡同时也享受空间氛围，因此这间属于小两口的新婚居所便以“把咖啡馆风格搬回家”的概念进行装修。对于所谓的居家风格，Catherina 认为时下较为盛行的北欧风，房子多半要收得很干净，如果东西稍微多一点就很容易变乱，但是工业风却刚好相反，即便以后增加一些生活对象陈设，也会很自然地成为个人的特色，不过她也明白，毕竟是住宅使用，还是希望能较为温暖，曾经动心过的水泥粉光地板只好舍弃。

于是这个家在工业风格的呈现上撷取了几个要素，首先是裸露的管线及舍弃天花板，除了考虑屋高的关系，也试图让空间更为开阔舒适，然而裸露的管线比起一般隐藏做法更为费心，包含套管是否好看，有没有水平垂直都是需要设计师格外用心的细节。另外就是黑铁的运用，展现在工作室隔间、厨房拉门，尤其是设计师将用于户外的窗户移植至室内使用，搭配钢丝玻璃材质，整体就很有工业风的味道，再者，这面黑铁室内窗亦是为了提升屋内的前后对流而设置，透过材质与设计的呈现，与氛围更为协调。而每扇不同颜色的房门则是空间的另一个亮点，设计师特别以手工上漆的手法改造现成门板，相较于喷漆，仔细一看还能隐约看见自然刷痕，这也是工业风诉求的自然不造作精神，抢眼的橘红色彩则是 Catherina 的想法，选择运用在她的练鼓室，与摇滚、热情的意象更为贴近，最特别的是，每道房门上还加入了黄铜舷窗改造成的猫洞，让爱猫能自由进出每个房间。

在原始的格局上，设计师做了小幅度调整，原有厨房延伸出一个小吧台，满足 Catherina 煮咖啡的需求，吧台风格延续厨具设计，台面选用不锈钢材质，把手也是特别挑选与工业风相近

屋主 Catherina 为医护学术研究员，平常在家工作，空闲时喜欢往咖啡店跑，想要家也拥有咖啡馆一样的氛围，喜爱动物的她也养了猫咪，不爱一般制式的猫房规划，希望这个家能让猫咪和人都住得舒适。

的款式，自然也不会出现一般的吊柜，而是采用简单的金属层架，让屋主的珐琅壶及其他生活对象陈列出来，符合工业风追求的自在与随性。两间卫浴的面积则予以平均分配，主卧房卫浴搭配 Catherina 喜爱的巧克力砖，减少浴柜，直接让管线裸露，加上西班牙面盆，呈现出较为复古的氛围，客用卫浴更是巧妙选用数位喷墨瓷砖，看似有如大理石的质感，提升空间的精致度，而这也是设计师期盼带给 Catherina 的工业感，简单自在却又保有住宅该有的舒适与细致。

格局 玄关、起居室、餐厅、厨房、工作室、卫浴、客房、主卧房、主卧卫浴
建材 超耐磨地板、二丁挂、胡桃木、数位喷墨瓷砖、玻璃

1 / 木天花延伸变猫道

客厅上方的木质平台由餐厅延伸至此，加上圆洞的设计，让猫咪能自由行走于天花板上。电视主墙舍弃一般文化石，灰色二丁挂的独特质感反而与工业风更为融合。

2 / 更改动线，公共厅区开放且完整

微调后的格局，除了在餐厅旁增设储藏室之外，主卧房门也进行了改向，使公共厅区变得方正且开阔，随性放置地上的海报则是Catherina从英国带回来的，看得出她对于工业风格的软装饰一点也不马虎。

3 / 增设小吧台让家更像咖啡馆

利用厨房外的空间增设调性一致的吧台功能，满足夫妻俩喝咖啡的需求，金属层架和吊柜随意地展示两人的收藏或是生活对象，这也是工业风强调的自在率性精神。

4 / 胡桃木墙界定餐厅修饰大梁

对于餐厅上方横亘的大梁，设计师并未加以包覆，在调整格局之后，利用一道∏型胡桃木修饰天壁，同时也界定出餐厅的功能。

5

6

5 / 棉麻窗帘隔音也挡光

屋主因职业关系，经常日夜颠倒，为创造良好的休憩环境，设计师选用棉麻窗帘布，既可完全遮挡阳光又可以隔绝外头的声响，而床头上方大梁则选择以斜线修饰，尽可能地维持原有屋高。

6 / 巧克力砖流露复古味道

重新分配的主卧卫浴以基本的干湿分离配置为主，墙面搭配拥有立体导角的巧克力砖，卫浴五金配件选择的也是较为复古的款式，呈现怀旧的氛围。

01

Detail

设计细节

01 / 黑铁户外窗变室内隔间更通风

位于走道的工作室隔间墙一般多以木质造型修饰，此处采取户外常用的黑铁窗户，配上钢丝玻璃，不仅贴近工业风格，平常开启也能让前后空气产生对流，通风变得更好。

02 / 黄铜舷窗让爱猫自由进出

为了让 Catherina 的爱猫能自由进出每个房间，房门特别加入黄铜舷窗改造成猫咪专用通道，其金属质感也更吻合工业风格。

03 / 二丁挂逆向操作用在室内

原本常见于户外墙面的二丁挂，此款为早期设计款式，灰色调中带有蓝绿纹路，大面积铺贴颇有复古味道，比起常见的文化石墙更特殊。

case 9

复古工业感

Restaurant & Bar Design

旧木、铁件和皮革，交织出工业复古情调

文｜蔡竺玲
空间设计暨图片提供｜方构制作空间设计

年轻的屋主对于居家风格有自我独特的想法，喜欢既复古又有点工业铁件的空间，同时又限于室内面积仅有 8 坪多的因素，在和设计师讨论时希望空间在展现工业风之余，也能强化整体的使用效率，让小宅拥有舒适、不压迫的生活空间。

由于仅有一面采光，因此将功能性的厨房、卫浴和柜体向两侧墙面收整，留出中央的空间让阳光不受阻碍地进入。地面选用略带烟熏感的浅色木纹砖铺陈，展现复古情调。砖面从客厅一路延伸至卫浴，全室铺陈的效果带来无切割的视觉感，小面积空间呈现一致的整体感。同时，铺设的方向与大门垂直，线条向阳台直线延伸，而电视柜也采用长形柜体与地面相呼应，无形中也拉长了空间尺度。

为了不让空间变得狭小，不多做收纳，仅在入门处做高柜，刻意置顶的柜体让收纳空间变大，也让物品都能各得其所。而设计师也独具巧思，利用镀锌铁管作为柜门把手，展现铁件的粗犷感；灰黑交错的柜体，低彩度的设计则呈现一贯的工业冷调氛围。而卫浴也采取玻璃隔间，加强空间的穿透感，使空间不显狭窄。卫浴壁面以花砖点缀，展现丰富的视觉变化，从客厅望去也形成一方美丽的端景。另一方面，为了强化空间利用效率，利用 3.3m 的高度做出夹层，在上方规划出卧房。设计师运用工字铁的结构使夹层稳固，而阶梯则沿着电视墙延伸向上，经过强化结构的阶梯，使用上安全无虞，而铁件的使用也与空间氛围相搭。同时为了不让空间高度显得过低，在入门处的夹层地板使用强化玻璃呈现通透的透明感，使视觉不显窘迫。

屋主 年轻的一对屋主，个性开放热情，对空间有自己独到的想法，居家风格无设限的他们特别喜爱复古和工业的氛围，平时也喜欢自己动手布置居家。

夹层刻意不做满，保留客厅的原有高度，延展整体空间尺度。上方以旧木横跨客厅，搭配旧式的金属灯泡，相当有想法的屋主则挑选了带有斑驳感的皮质沙发，木、铁件和皮革的完美搭配，空间随即展现工业复古情调。而青绿色的背墙成为空间中的亮点，与阳台绿意相呼应，同时装饰色彩鲜艳的现代画作，展现屋主的独到品味。

格局 玄关、客厅、厨房、卧房、卫浴、阳台
建材 工字铁、木纹地砖、花砖、铁件

1 / 黑铁材质贯串全室

入门左侧设置卫浴，采用黑铁格子玻璃窗的设计，呈现通透无碍的视觉感，使空间不显狭窄。而黑铁材质的运用则延续阶梯、夹层的金属风格。一贯的低彩度设计呈现明快利落的空间格调。

2 / 功能空间沿墙配置

在仅有一面采光的限制下，为了不遮挡阳光进入，将厨房、卫浴等功能空间向墙面靠拢，同时不多做柜体让空间变狭隘，仅在玄关处做出置顶的高柜，作为鞋柜和收纳柜使用，灰黑交错的柜体搭配水管造型的铁件把手，展现粗犷的工业风格。

3 / 地砖与阳光平行，拉长空间视觉

狭小的空间中，设计师刻意变换地砖的排列方向，与阳光的入射方向平行，视觉沿着地砖从大门延伸至阳台，同时采用长形的电视柜，延续横长的空间比例，拉长空间线条。灰色的柜体台面搭配黑色门板的设计则与入口处的高柜相呼应，形成一致的整体感。

4 / 草绿色背墙为空间添绿意

在一片灰黑的低彩度空间中，客厅背墙刻意选用草绿色作为跳色，墙面搭配屋主亲自挑选的画作，缤纷的用色成为凝聚空间的视觉焦点。同时低尺度的家具不占空间，适度留出空间余白不显拥挤。

5 / 西班牙花砖打造一方美丽天地

全室地板采用木纹砖，从客厅延伸至卫浴，不仅拥有木头的温润质感，也使空间线条不中断。而卫浴以大量的白色铺陈，在淋浴区的壁面运用西班牙花砖，繁复而典雅的花纹成为引人瞩目的空间端景。

6 / 旧时船灯的造型吊灯

卧房延续整体的工业风格，选用带有旧时船灯造型的吊灯，温暖的灯光笼罩着卧房形成静谧的氛围。床头则设计收纳空间，便于收藏物品。而床侧为了隐藏管线，另做假柜包覆延伸至下方的橱柜，让视觉不中断。

7 / 玻璃隔间维持空间通透感

利用 3.3m 的高度在空间中另做夹层作为卧房使用。以工字铁加强夹层结构并以强化玻璃铺陈，让空间变得通透。而夹层刻意不做满，让客厅维持原有的高度，视觉都能向上或向外延伸，使空间不显压迫。

6

7

8

01

02

Detail

设计细节

01 / 仿旧桌椅完美融入空间

在工业风设计中经常利用木质元素和金属元素中的冷调氛围，桌椅选用略为仿旧的材质，多彩的椅面则加入活泼的视觉感受。金属桌脚则减轻量体的沉重，在小空间中维持轻盈感。

02 / 线条利落的冂型黑铁阶梯

阶梯运用黑铁板折成冂型，不仅呈现线条利落的简洁造型，也与空间素材相呼应。踏阶则强化承重力，保证踩踏无虑。

03 / 金属灯具带出工业质感

工业风里最不可缺少的就是金属元素，因此灯具皆采用金属铁件，而吊灯选用复古造型的爱迪生灯泡，点出复古与工业并存的空间氛围。

04 / 铁件方格隔间展现美式风格

为了不使空间变得狭窄，利用铁件和玻璃作为卫浴的隔间，金属的元素与整体氛围相呼应，而方格的设计则展现了经典的美式风格。

简约工业感

RICH FOREVER
發 發 發
KITCHEN
LIVING
DINING
Satori Josephine
JO
WHY STUDY?

粗犷中见细致，小资女的工业风变形屋

文| 黄婉贞

空间设计暨图片提供| 日和室内装修设计

你有看过有“使用说明”的房子吗?

这原本是一个“小资女换屋不成只好原屋装修”的现代上班族励志故事，但是透过吕宗儒设计师的巧手改造，赋予这户16 坪的两人小宅变身宛如变形金刚的功能十足住家！完工后还贴心附上了“房屋使用说明”——在黑板墙上亲手绘制 A、B、C、D 四种排列组合，无论是看电影、玩 Kinect 体感游戏、练瑜伽、亲朋好友聚会、活动客房甚至未来小朋友的房间都有了周全的计划。

“其实要感谢屋主能事无巨细地提出生活习惯、需求等，并且不质疑、全权信任我们，才能有这样有趣又实用性十足的作品。”吕设计师表示。除了功能分区，设计师还运用了工业风作为住家风格主轴，“因为屋主夫妻是 30 多岁的年轻夫妻，女主人 Josephine 还是兼职的瑜伽老师，所以我特别采用了随兴自在、艺术感十足的工业风作为生活背景，但这儿的工业风只取其意象，毕竟未来可能会有小朋友的加入，在材质上还是尽量要求细致为主。”所以看似粗犷的仓库风的活动拉门上面其实铺贴着细致的松木皮；不锈钢仿旧开关面板也是特地从贸易商那边找来的新品，从触感到安全性，都包含设身处地的贴心思想。

此外，设计师活用 3.8m 的高度，在厨房上方辟了一个 2 坪大的小仓库，让一般人够不到的高处作为人可进出的主要收纳区；而一入门的玄关处是屋主不会长时间停留的区域，便利用升降晒衣杆加上 S 型挂钩改装成手动式脚踏车收纳处。主墙面的铁管收纳架则暗藏着屋主夫妻两人名字的第一个字母 J、S，以活动层板与红酒箱灵活搭配使用。

屋主 Josephine 是一名兼职的瑜伽老师，希望住家有两房两厅，要能满足平常能玩体感游戏、方便父母来时可住以及朋友聚会等功能。

“住家格局以十字形轨道作轴线，利用仓库风拉门以及黑板作活动墙面，搭配伪装成收纳柜的掀床，依照需求可灵活隔出餐厅、客厅、客房、主卧等区域，加上与更衣室合一的书房、厨房等区域，种种细节绝对能满足一般家庭的所有需求。其中最特别的是能横移近 7m 的活动电视，令屋主几乎在每个角落都能看得到，我们采用 14m 长的工业用履带包覆 HDMI 线与电源线，维修孔就在上方间接照明处；悬挂电视的六角螺帽可以微调，要是日后要换电视，可视大小修正重心、调整面板角度。”吕宗儒设计师表示。听到这里不禁让人惊叹：不仅风格是工业风，连功能也都十足工业化。

格局 客厅、餐厅、书房／更衣室、主卧室
建材 塑胶地板、西班牙进口瓷砖、油漆、松木皮、铁管

1 / **旋转铁制挡煞隔屏也是玄关衣帽架**

可旋转的铁制活动屏风，除了帮助遮蔽穿堂煞外，也能充当衣帽架、悬挂小盆栽装饰使用。公共厅区运用活动家具，可随需求随意调整区域功能。

2 / **活动黑板墙注记“住家功能使用说明”**

三片活动黑板就是区隔主卧与公共厅区的活动墙，平常可充当屋主的记事板，现在上头就是设计师绘制的“住家功能使用说明”。

3 / **利用升降晒衣杆原理收纳脚踏车**

可旋转的铁制活动屏风，除了帮助遮蔽穿堂煞外，也能充当衣帽架、悬挂小盆栽装饰使用。公共厅区运用活动家具，可随需求随意调整区域功能。

4 / **贴心书房小开口**

书房与更衣室合一，提升使用效率，Josephine终于有个能在家工作的小天地了。左侧留有开口，平常放置活动衣架，而在客房启用时，此处则是方便屋主进出的临时出入口。

5 / 斑驳艺术黑砖打底

保留原有厨具，只换上西班牙进口的黑色复古砖，褪色斑驳的表面、不规则的边缘，除了能适度隐藏壁面的厨房小物，也为烹饪空间的艺术感大大加分。

6 / 活用 6~7m 跨距的大屏幕剧院

只要收起餐桌，放下投影布幕，打开活动投影机，再加上 6~7m 的舒适观影距离，住家马上变身电影院。

01

02

Detail

设计细节

01 / 实用又随性的复古砖

因为预算因素厨具仍沿用建筑公司提供的，但瓷砖改成西班牙进口的黑色复古砖，除了斑驳的颜色、特别的破损设计边缘只要简单搭配白色抹缝就很有味道。此外，沉稳设色也让厨房小物收纳不显杂乱。

02 / 铁管造型主墙

利用铁管做成别具纪念意义的J、S造型，是屋主夫妻名字的第一个字母。上方的层板与红酒箱是活动式设计，可视日后生活自由更替。

03 / 铁件玄关活动屏风、衣帽架

为了避免从门口一眼望尽的穿堂煞，在鞋柜后方设有一个铁件隔屏，可视情况旋转使用，横杆设计方便平常吊挂衣物、小盆栽装饰等。一旁的鞋柜则是使用系统柜装设 1 字型铁制把手，质感倍增。

case 11

粗犷工业感

台北市
二手房 _28 坪
夫妻、3 只猫、2 只狗

裸露墙柱，演绎空间里的粗犷工业味

文｜余佩桦
空间设计暨图片提供｜拾雅客空间设计
部分摄影｜ Yvonne

这间房子的主人是导演钱人豪与太太吴 DATA 的家，随电影拍摄经常需要涉猎相关场景画面，长期下来对于带有粗犷味、复古感的工业风深深着迷，于是在买下位于内湖的二手房后，特别请来拾雅客空间设计的设计师许炜杰、刘芳竹来重新做规划，大刀阔斧重新将格局做了调整并注入屋主喜爱的工业风格，使二手房有了新生命也实现了屋主的造屋梦想。

“空间的定调关系着住宅的先天条件”，刘芳竹谈到。基地位处边间同时又属多角形格局，原屋主选择利用隔间手法消除斜角带来的不舒适感，但刘芳竹选择拆除所有的隔间，透过开放设计辅以梁、柱的轴线，重新定义视觉水平，找回空间应有的量体与尺度。当空间被彻底打开之后，设计师也选择让格局的配置不再制式化，向来总是被摆在角落的卫浴，这回被拉出卧室之外，搭配上透明隔间，卫浴成为空间中最吸睛的那个；工作区也是安排在格局中的向阳处，与公共空间连成一体，却又维持着自身的独立个性。

为了塑造出钱人豪与太太吴 DATA 皆喜爱的工业味道，设计师在空间里做了不一样的实验性设计，首先是尝试将原有的封板天花板打掉，甚至将油漆都打磨掉，露出原始水泥模板效果，接着是找到带有水泥感的材质，像是水泥粉光、乐土、POLISHED BOND（莱特水泥）等，交互运用玩出材质变化，也创造不一样的视觉与质感。

在整体家具搭配上，许炜杰谈到，由于工业风无论是在壁面还是结构，均是直接呈现出原色原味，为了呼应这样的感觉，在家具家饰选择上，会延续不造作的特色，选择在整体里搭配铁件、

屋主 是知名导演钱人豪，在忙碌的执导工作中，一心想为老婆吴 DATA 和自己打造梦想中的家。重新翻修老屋，替家找到新生命，也实现自己所爱的工业风格。

皮革等材质的家具，完整呼应材质明确的风格特点，同时也平衡了空间中冰冷、阳钢的味道；另外，工业风格中的线条会给人一种很干脆的印象，所以无论家具、家饰甚至是设备线条也都具备利落特质，也把工业风中不拘泥的味道清晰地表露出来。

这个屋子里，除了他们夫妻俩还有一群毛孩子，设计师也特别在结构梁旁、墙上分别增设铁件、实木材质打造的猫道与猫跳台，既不影响风格发展，人与毛孩子也能生活得很愉快。

格局 客厅、餐厅、厨房、工作区、主卧、更衣室、卫浴
建材 水泥粉光、乐土、POLISHED BOND（莱特水泥）、壁纸、铁件、文化石、超耐磨木地板、不锈钢

1 / 彻底让天花板、梁柱裸露出来

原空间是有装潢的，为了创造工业感，设计师选择将原有的封板天花板打掉，甚至将油漆都打磨掉，露出原始水泥模板效果，不加以修饰的方式看见最纯粹的味道，也彻底让天花板、梁柱裸露出来。

2 / 家具家饰体现所爱风格

从事导演工作的钱人豪，随电影拍摄经常需要涉猎相关场景画面，长期下来对于带有粗犷味、复古感的工业风深深着迷，布置阶段他开始自己搜罗符合这个味道的家具家饰，一步步勾勒出他所爱的工业味道。

3 / 不锈钢料理台“冷”得很有味道

由于女主人喜欢烹饪，餐厨区便规划为开放式，透过量身订制、大尺寸的不锈钢料理台兼餐桌，利落、简单的特色带出材质的质感，也让意外创造出意想不到的冷调感。

4 / 谷仓门作为更衣室门板

营造工业感并非只能使用水泥、铁件等相对冰冷的材质，以粗犷的实木板勾勒组成一大面木墙，宛如谷仓门，那相对粗糙的质感、纹理与色泽引出另类工业感，同时还有平衡整体冷调的作用。

5 水泥粉光创造延续性的工业感

工作室规划在格局的向阳处，地板部分以水泥粉光来做铺陈，猫咪进到这里可以自在地走动，不用担心破坏地坪，同时也能将室内的工业感做一定延伸，创造出所谓的延续性味道。

6 开放概念卫浴也没放过

向来最容易被安排在空间角落的卫浴，这回被拉出卧室之外，搭配上透明隔间，不但把全开放概念做了另一种诠释，也成为空间中最吸睛的那个。卫浴同样使用乐土来做表现，利用材质本身防水透气、防壁癌的特色，表现工业味的同时也不担心水气会对材质造成影响。

5

6

01

02

设计细节

01 / 善用铁件规划专属猫道

在结构梁旁边以铁件、实木建构三个分开的层板作为毛孩子们的专属通道，它们可以自在地爬上爬下，也与工业风的设计相呼应。

02 / EMT 管把电线藏得漂漂亮亮

管线裸露呈现，选择运用 EMT 管来做包覆，银色质地刚好与工业风格相符合，带出不加修饰的味道，同时也把相关电线藏得漂漂亮亮。

03 / 斑驳粗犷的好不真实

带有斑驳、粗犷感的材质其实是壁纸，仿线板砖墙的质感，将纹理和色泽都清楚呈现，置于工业风空间无论质感还是触感都别有一番味道。

case 12
粗犷工业感

台北市
二手房 _30 坪

夫妻、（肚子里的）宝宝、2 只猫〔多多、Coffee〕

保有建材原貌，36 年老宅的自然粗犷工业风

文｜ 黄婉贞
图片提供｜ 拓朴本然空间设计
摄影｜ Yvonne

“木头就应该是木头，不需要染色、上漆等特别处理，保持原样就是最好的模样。”住家大量使用水泥、红砖、铁件、原木、皮革等素材，都保有着睿哲与蓓蓓对于建材原貌的坚持，让这间 36 年的老房子无意中便走向工业风住家之路。

新家使用的木类建材都尽量采用低甲醛产品，像是不上表面涂漆的临窗书桌、猫咪们的南方松猫屋皆采用不浸药水的板材，睿哲说道，“传统为了防水，总是要在木头表面上一层透明漆，但原木并没有一般人想象中这么脆弱，经年的磨损或无意间留下的水渍，其实都能为家具留下独特的历史记忆。”

此外像是临窗上方的绑筋天花，就是将建筑用的钢筋交织成一块块铁件包边的方型网状天花再一一组装上去，既熟悉又陌生的建材大辣辣地现身室内，带来穿透的视觉效果，降低贯穿住家横梁所带来的压迫感，还附加偶尔需要晾晒衣服的隐藏版功能；而让人却步的氧化锈蚀特性，却是男主人对它情有独钟的原因，因为建材的自然变化最值得期待。

位于 4 楼的住家，从窗外望下去就是公寓前方大榕树的全貌，得天独厚的绿荫景致，让两人选择一整面的半窗规划。具备六年室内设计经验的他们找来信任的铝窗师傅施工，选用最经济的台制气密窗，将预算与心力投资在窗户功能设计上。从客厅的大面的观景窗、导流的通风窗到临窗书桌所用的防泼雨上掀窗，下雨天也能开窗透气，无一不是实用的贴心巧思。窗台则是睿哲特别说服亲爱的老婆，使用黑色铝料作为窗户的延伸，成为从家中望出去最能衬托绿意的背景框。

屋主 睿哲学建筑、蓓蓓则是美术专业，面对两人婚后的第一个家，希望运用建材本身纯粹的特性作为主要设计原则。

原本旧格局的客厅狭小、采光也不好，因此夫妻俩决定拆除隔间并重新规划格局，将原本的厨房和主卧对调，集中客、餐、厨三区，而多多与 Coffee 的猫屋就设置于主卧的阳台上，一方面能就近照顾，另一方面也是为了还没出生的宝宝做准备，为了防止发生过敏情况，多道门禁方便进行适度隔离。值得一提的是，婴儿房不出意料地已经布置完毕，而且不止一间、而是两间——女孩房与男孩房，果然设计师准爸妈，在这件事情上是绝对有万全准备的！

格局 客厅、餐厅、主卧房、小孩房、书房、猫房
建材 水泥、黑铁、瓷砖、木头、黑色铝板、钢筋、南方松

1 / 书房用上掀窗，下雨天开窗也不怕

书房就设计在景致最佳的临窗处，特别规划了上掀窗，即使雨天想开窗透透气也不用担心雨会打进来。书桌平台采用实木面材，不上面漆的方式让木头呈现最原始的色泽与纹理。

2 / 公共厅区共享空间感

打掉住家大部分的隔间墙，公共厅区集中客、餐厅、厨房、书房，开放式设计释出舒适自在的居家氛围。睿哲利用水泥、钢筋、红砖等粗犷的建材原貌，交织出舒适不做作的自在居家环境。

3 / **大面观景窗抓住探头绿景**

为了窗外枝芽茂密的大榕树邻居，客厅保留大片观景窗，搭配黑色铝板平台，圈出属于自家的一方绿意盎然的窗景；平台上摆放着各式各样的酒瓶收藏，上头有着两人喜爱的标签设计，也装载着过往生活的甜蜜回忆。

4 / **黑板漆联结私密卧房**

从转角处的黑板漆绘图转进私密寝区，三间卧室由一条廊道所联结，第一间左侧复古门是客浴，直走到底为预先规划的女孩房，左侧为主卧，右侧开口则是男孩房。

5 / **餐厅作为全家玩乐、用餐重心**

跳脱以客厅为生活重心的传统概念，睿哲与蓓蓓一家的主轴放在餐厅与厨房。宽大的芒果木餐桌搭配贴心的壁灯设计，在这儿用餐、阅读、聊天、陪猫咪玩耍成为两人最甜蜜的时光。

01
EVERYDAY
長野
XXXX

Detail

设计细节

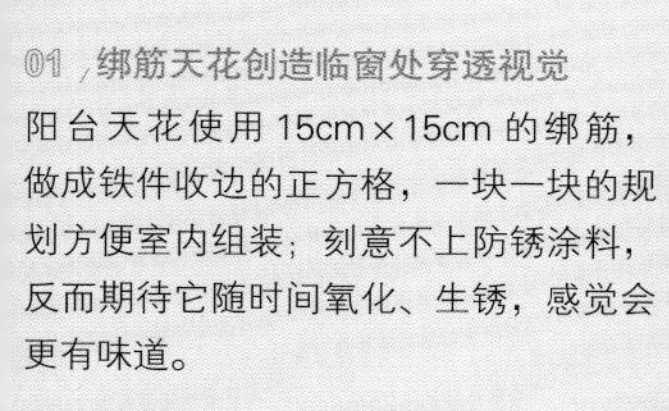

01 / 绑筋天花创造临窗处穿透视觉

阳台天花使用 15cm × 15cm 的绑筋，做成铁件收边的正方格，一块一块的规划方便室内组装；刻意不上防锈涂料，反而期待它随时间氧化、生锈，感觉会更有味道。

02 / 极简水泥粉光地板一点都不简单

地板采用水泥粉光做法，为了降低水泥粉光常见的起砂、龟裂机率，睿哲对于每个细节都格外讲究，除了慎选水泥磅数、厚度，搭配内部绑筋、铁丝网，表面再上一层水蜡；为了避免不同时间施工对质量的影响，客厅部分还特别请了两位师傅共同施工。

03 / 砖墙搭配黑铁包边，粗犷不粗糙

真的是“打”出来的红砖墙，为保留部分住家原有墙面，同时也被屋主视为玄关的视觉延伸。特别用黑铁包边，呈现粗犷却不粗糙的细节。

case 13

复古工业风

RADIOHEAD
London
PARIS
THE ART BOOK
FILE BOX
DESK MATE
EPSON

台北市
二手房 _31 坪
夫妻、妹妹

水泥、红砖元素，打造随性无拘束的复古工业宅

文| 许嘉芬
空间设计暨图片提供| WW 空间设计

这个家的家庭成员很特别，姐姐 Esther 和姐夫 Gorden 以及 Esther 的妹妹，原本姐妹俩就住在一块儿，但一直都是简单刷刷油漆、用活动家具布置，然而从事平面设计的妹妹必须要有讨论的空间，最后只好在客厅摆放几张大桌子使用，另外像是外出回来需要清洗的衣物也苦于没有适当的收纳空间。直到姐姐结婚，三人希望能重新改造房子，获得更为舒适的生活环境，同时也希望能整合妹妹需要的工作室。

针对三人的居住需求，WW 空间设计重新整顿既有格局，和一般住宅不同的是，这个家的玄关与客厅整合，紧接着相邻的就是妹妹的工作室，斜面隔墙的划分，给予了单车收纳以及不同区域的区隔，大工作桌既可一人用，摄影师、文案同事们一起团体工作时也非常实用。开放式餐厨自然与客厅、工作室串联，黑板漆墙后是妹妹的卧房，穿过厨房之后才是姐姐和姐夫的主卧房，主卧房内另有起居空间、书房，让夫妻俩拥有独立的两人时光。

有趣的是，姐妹的品味雷同，都喜欢有一点复古的味道，也可以接受比较粗犷的风格，生活上更是随性自在。所以在公共空间，设计师采用如水泥、红砖等元素，“旧屋翻新的好处是拆除时可看见房屋既有的面貌。”王紫沂设计师说道。因此，工作室墙面打除后便不再多加处理，地坪材质的运用也十分特别，是极为稀有的黑色复古砖，有别于一般的橘红色调，黑色反倒有一种雅痞的味道，转至餐厨空间则是水泥粉光地面，既是区隔空间属性，也带出工业复古氛围。在水泥粉光地面的处理上，WW 空间设计也格外讲究，“一般水泥粉光如果上透明保护漆很容易发生黄变的情况，我们选用的特殊防护漆具有永久不黄变的特性，而且水滴下去会形成水滴状，也没有吃色的问题，对屋主来说更好

屋主 女主人 Esther 开设依瑟婚纱工作室，妹妹从事平面设计，更曾经获得金曲奖最佳专辑包装，姐妹俩感情非常好，在姐姐结婚后仍一起住。

保养维护。”王紫沂设计师说。

此外，厨房与客厅之间横跨的大梁结构，在此亦有特殊的转换手法，常见的多半是直接包梁，然而设计师是以仿古镜面刻意加大梁的量体，反而有削弱大梁存在感的效果，也让视觉更加开阔，一方面更是实用的猫道。转换至两间卫浴，同样延续复古工业风格，客浴门板取自台湾早期木门重新赋予生命，包括气窗更是特别打斜且运用格纹玻璃，地面的马赛克瓷砖有如地毯编织的效果，也有点雅痞的感觉，浴柜与卫浴配件则是以黑色系为主轴，呼应整体工业风格。

格局 玄关、接待区、客厅、餐厅、厨房、主卧房、次卧房

建材 镀锌钢板、夹板、仿古镜、马赛克瓷砖、黑板漆、水泥粉光、美耐板、超耐磨地板、意大利进口瓷砖、茶镜

1 / 仿古镜变猫道同时修饰大梁

横亘在客厅与厨房之间的大梁结构，巧妙运用镜面延伸作修饰，同时也创造出猫咪玩乐动线，镜面自然得选用仿古效果的，呼应复古工业风格。

2 / 地坪材质界定空间属性

客厅、工作室采用意大利进口黑色复古砖铺陈，在水平轴线的划设之下，餐厨改为水泥粉光地板，前者让工业风多了雅痞味道，后者与白色厨具搭配更显自然朴实。

3 / 自然协调的白色厨房

客厅后方的开放式餐厨以白色调为主，相较多数厨房使用内嵌把手，设计师特别选用一字型小把手，搭配雾面美耐板面板，创造自在舒适的生活感。

4 / 斜墙拉出客厅、工作室功能

老房格局根据屋主需求重新设定，将玄关与客厅做整合，斜墙后方即是工作室，如果朋友聚会也可以变成玩乐用餐处，空间是随性且自由的。

5 / 旧木门改造散发浓浓复古味

客用卫浴的门板是设计师和屋主从上百樘旧木门中选购的，包括上方的气窗也刻意打斜，结合老式格纹玻璃，让整个空间散发浓厚的复古味道。

6 / 黑白对比打造简约工业感

主卧房卫浴地壁以白色马赛克瓷砖铺陈，特意使用黑色浴柜、台面以及卫浴配件，展现较为现代感的工业氛围。

7 / 清爽明亮的轻工业卧房

主卧房私人领域在工业风的基调下，融入屋主喜爱的清爽明亮色调，以家具衬托出风格。夫妻俩默契甚佳，竟在婚前买了同一款床架，因此设计师特别将其保留并打造成主卧起居室沙发床。

6

7

01

02

Detail

设计细节

01 / 纯黑系复古砖好雅痞

客厅、工作室特别选用罕见的黑色复古砖作为地坪，有别于公共空间全以水泥粉光铺陈。黑色复古砖的独特性，自然地界定区域属性，质感上也十分特殊，有种时尚雅痞的味道。

02 / 粗犷红砖墙是最佳书柜背景

工作室的隔间敲除后就刻意不再处理，保留原有的风貌，更符合工业风的精神，搭配订制的铁件、木头材质书柜，越能散发随性、复古氛围。

03 / 工业感镀锌钢板拉门助隔音

女主人对于睡眠质量格外重视，只要有一点声音就会被吵醒，于是设计师利用镀锌钢板作为卧房拉门，既可完全阻挡声音，也非常符合工业风的空间设计。

case 14

时尚工业感

NIGHT FEVER 4
與上帝的契約
伊波拉浩劫

铁装饰元素联结室内外，生活即是设计的 10 坪灰阶 XY House

文｜黄婉贞
空间设计暨图片提供｜禾睿设计

当风格不是设定，而是一种顺势而为形成的面貌；当习惯不再属于个人的情绪，而是建构住家整体轮廓的坚实基础。对 10 坪的小巧灰阶 XY House 来说，室内设计就是如此不做作地呈现过程与结果，或许 Loft、或许现代，但肯定的是居住者与家之间早就产生密不可分的情感羁绊。

“这个案子没有风格设定，而是从屋主提出的问题与习惯，循序勾勒出现在住家的样子。”禾睿设计表示。

陈小姐从事设计类行业，平时频繁奔波在外，打包、整理行李箱都属于日常生活作息，设计师特别为此规划行李箱专属的“无障碍”过道，省略多余门坎、高低差，拖着行李箱进出格外顺畅。同时在主卧衣柜中保留一格门能全开、可将行李箱收入柜侧的设计，令女主人随时能以那个角落为根据地、摊着行李箱轻松准备外出用品。

环顾四周，深深浅浅的灰色系为住家描绘出立体感，进而达到视觉扩增效果；泛白木色超耐磨地坪、仿水泥模板厨房壁砖的应用，使粗犷原始纹理赋予住家更鲜活的生命温度。

位于住家中央的餐桌，是女主人用餐、阅读、工作所在；简炼的黑铁线条无视玻璃藩篱阻隔，倒映出 XY 语汇。设计师特别抓住厅区与阳台的地坪差距，在线型吊灯保持等高的前提下，让室内一侧桌子维持方便用餐高度，户外则设定为较高的吧台桌。微妙的细节调整令最显眼的装饰兼具多元功能。

住家另一个视觉焦点便是那结合橱柜、贴墙延伸的一整面书

屋主 从事设计类工作的陈小姐，个性与需求都相当鲜明，衣柜清一色都是黑色，拥有数量庞大的专业书籍等待收纳，闲暇嗜好是打电玩与搜集公仔，时常需在外奔波。

墙，专门用来收纳陈小姐每个月都会购入的专业书籍与公仔收藏。考虑到住家楼高 3m，但平面空间有限，因而把书柜可用高度提升到顶，透过滑轨爬梯作为延伸立面的媒介，将房屋空间效运用到极致。

值得一提的是，在装修过程中，女主人最热切关注的其实是卧房。原来陈小姐闲暇时的舒压方式便是投入游戏、享受影音快感，当住家即将完工、可以搬入时，其他空间都可以慢慢收尾，只有卧房设备一定得完全到位！“随着屋主的使用习惯，我们将电视墙设定于此，侧边与前方凹槽都能收纳相关的游戏设备；电视本身则装设拉伸式壁挂架，需要安装线路时便能拉出。”设计师说道。功能反映需求，用专业达到超乎预期的效果，陈小姐的 XY House 作出了最完美的解答。

格局 玄关、客厅、餐厅兼书房、厨房、卧房、卫浴
建材 超耐磨木地板、铁件、烤漆、仿水泥板模砖

1 / 多功能玄关墙，完美整合衣帽间、鞋柜、穿鞋椅

入口玄关收纳区选用黑灰色铺陈，与灰墙端景组构低调利落的第一印象，上方间接灯光洒落柔和的光线与氛围，减轻柜体压迫感。将衣帽间、鞋柜、穿鞋椅整合成单一平面，省去多余家具线条、令过道空间更充裕。

2 / 重要功能贴墙延伸，释放充足过道空间

以餐桌为中心，设计师将厨房、收纳书柜等重要功能整合为单一平面、贴着墙壁延伸，没有多余零散的柜体，释放出充足过道，不仅方便女主人拖着行李箱进出，也是家中无压氛围的来源。厨具区以仿水泥板模砖铺贴、延伸侧边壁面，用视觉框出无形厨房区域。

3

3 **滑轨书柜梯，让收纳往立面极限延伸**

10坪大的住家，平面空间有限，往立面延伸能够争取使用更多的收纳额度；特别订制的滑轨书柜梯，即使柜体接近3m，也能让屋主轻松拿取最上方的物品。

4 **前推浴室入口门板，争取展示层架厚度**

为了收纳每个月都会增加的书籍数量，壁面以收纳为主要目的，例如将浴室入口处往外延伸、增加一处可摆放小物的展示层架；入口门楣上方也物尽其用地设计成一方上掀柜体。

4

5 / **XY 黑铁线条桌，室内外的倒映与延伸**

延伸室内外的多用途餐桌，用餐、阅读、办公都能在这里解决。仿佛镜射般的设计手法与黑铁线条组构出 XY 的视觉语汇，成为住家最具代表的隐性图腾。

6 / **面面俱到的细节规划，贴心的行李箱动线**

通往卧室的过道右侧是一整面的衣柜，90cm 的舒适宽度，没有多余凸起的门框、高低差，便是专门为时常出差的女主人所规划的行李箱动线；收纳衣柜门板都是能在敞开后完全藏于柜侧，留给屋主舒适的打包角落。

7 / **游戏功能满点！属于屋主的私密电玩天地**

为了配合身为重度电玩玩家的女主人，主卧除了睡寝功能，同时也被规划成功能满点的游戏空间！电视墙侧边可完整收纳游戏相关设备，连电视本身都能往前拉、方便安装线路时使用。

01

02

设计细节

01 厨房板模砖

厨房上下柜中间壁面铺贴板模砖，模拟建筑水泥墙面脱模后的自然粗糙纹理，为住家注入自然不做作的随性感，同时兼顾清洁问题。60cm × 120cm 的尺寸，从厨具区延伸侧边墙面，用视觉延伸隐性圈出厨房领域。

02 订制活动书柜梯

落地书墙区收纳功能可延伸到近 3m 高，为了方便女主人使用，设计师特别请铁工订制可左右横移的滑轨书柜梯，微弯曲弧度使之更符合站在梯上取物的稳定感，踩踏面板则选用触感舒适的实木。

03 镜射黑铁 XY 线条吊灯

由室内延伸至阳台的桌区是住家功能中心，横向黑铁吊灯就像是穿过玻璃一般，延伸出上下颠倒的特殊镜射景象。其实室内区灯具悬挂于天花，而阳台灯具则固定于桌面，管线则暗藏于 XY 线条当中。

case 15

时尚工业感

竹北
新房 _42 坪

夫妻、2 子

跟着阳光的脚步，生活感满分的轻工业亲子宅

文| 黄婉贞
空间设计暨图片提供| 方构制作空间设计

屋主夫妇向往国外住家的工业风风格，厌倦制式柜体家具，于是在新屋毛坯完工后，经由多方比较，最终决定由方构制作空间设计操刀设计新家。“由于屋主对于每个区域皆有初步想法，举例来说，餐厅除了朋友喝酒聚会用途外，偶尔也有用于开会、办公的视听需求；另一方面则仔细提供我们书籍、CD 等收藏品具体数量与使用习惯，双方沟通过程相当顺利，图面几乎不曾修改便进入施工阶段。”设计师表示。

住家整体空间配比是以公共区域为重心，餐厨、客厅、书房采全开放方式处理，将双面开窗的优点发挥到淋漓尽致，阳光就此成为住家生活中密不可分的一部分！因此，设计师顺势把“光线具象化”概念融入造型当中，将客厅主墙、厅区钻泥板天花、CD 柜等硬件切出不规则几何角度，就像模拟光线射入的角度，同时亦让室内随着明亮变化反映出深浅不同的立体视觉面貌。

如此一来，客厅主墙、沙发背后矮柜特殊的斜型线条也就此诞生！跳脱出方正格局思维的大胆设计，非但不影响动线，反倒提高了客厅、餐厨区、书房三大功能区域的紧密联结，让身处于不同区域的家人、朋友们更加能够轻松互动，完美满足屋主所希望的随性非制式诉求。值得一提的是，主墙的不规则切割面涂覆黑板漆，在这儿除了大人闲暇时降下布幕投影、享受大屏幕效果外，多数时间则是属于小朋友自由挥洒的舞台！

屋主 夫妻两人闲暇时喜欢听CD、看电影，邀请朋友到家品酒聚会。他们欣赏外国住家随性自在的工业风风格，希望新家能告别传统制式规划，营造独有的居家情调。

开放式公共区域运用深浅的灰阶色调与原木色呈现统一背景设色，例如大面积的特殊水泥地坪、木色调的钻泥板天花与松木乱拼主墙等，定调出轻工业风住家轮廓，进而重点规划鲜黄色的TOGO 沙发、订制蓝绿色书墙等大型家具，隐性区隔不同功能主题。

书房区目前主要作为两个小男孩的游戏场所，同时也是设计师特意留白，待长大后再规划书桌等家具，属于伴随孩子成长的弹性空间。

得天独厚的双面大开窗优势给予住家无与伦比的无死角明亮面貌。在这个光线极度自由的开放空间中，设计师运用跳色技巧、自由不羁的空间几何造型，糅合原木、铁件等工业风元素，组构出能随性呼吸、陪伴着小孩成长的弹性生活居所。

格局 客厅、餐厅、主卧房、小孩房、书房、佣人房、露台、卫浴 × 3
建材 特殊水泥地坪、超耐磨地板、黑板漆、松木、钻泥板、铁件

1 悬浮鞋柜解决玄关收纳问题

玄关柜体特意不顶天、不落地，以悬浮姿态导引入门动线，解决小空间放置整面柜体的压迫感问题；下方亦可提供屋主摆放拖鞋等外出小物使用。

2 3D 立体切割主墙，与阳光连动变化的装置艺术

客厅主墙以光的角度作为灵感、大胆切出 3D 角度，让光线仿佛被具象化一般，同时成功争取留出一方佣人房空间；其不顶天的立体造型大幅度减轻压迫感，而且随着阳光变化，切割面相应呈现多元表现，成为住家时刻变化的动态装饰元素。

3

4

3 / **书房也是儿童游戏区，兼顾功能与安全性**

开放式书房是为了两个小朋友长大后准备的功能区域，目前则是两个男孩儿的游戏区，平滑的地面与舒适的临窗卧榻区，搭配一旁的黑板滑门、书柜底下的活动收纳箱，为孩子打造出方便、安全的活动天地。

4 / **鲜黄、蓝绿跳色，点出不同功能主题**

全开放空间中没有刻意区隔的实际墙壁、隔屏，而是使用亮眼跳色作为隐性主题分界。例如客厅鲜黄的活动沙发，书房则是柜体底面特别的蓝绿色。

5 / 简洁利落主墙气度

主卧沿用旧家的视听用品，设计师特别规划不对称柜体、为每个设备量身打造各自的家，搭配上方简洁的悬挂式铁件收纳层架，省略多余的边边角角，令寝区功能主墙更显利落。

6 / 订制镂空铁网围篱，无压区隔寝区与更衣间

主卧利用铁工订制铁网围篱分隔寝区与更衣间，简炼的线条与镂空透光特性，削弱隔间所带来的局促感，更满足了屋主喜欢的非制式柜体的愿望！

01

02

Detail

设计细节

01 / 几何造型钻泥板天花

与客厅主墙相呼应的切割面钻泥板天花，内藏空调管线、视听投影设备，是以水泥、木丝纤维成分为主的绿色建材，具备吸音效果。木工师傅在施工时要先打底做出所需要的立体造型，再将钻泥板贴覆其上，是同时满足功能与造型的环保材质。

02 / “光的角度”立体主墙

空间规划上需增加一间佣人房，但屋主不希望因此压迫空间。设计师利用建筑商原本预留的电视墙厚度大胆斜切，划出一方不顶天的立体几何造型小空间；特别的切割表面能随着自然光线变化而产生不一样的表现。壁面特别涂覆黑板漆，让这里也能成为孩子们的创意绘画舞台。

03 / 松木薄板乱拼主墙

作为住家另一个视觉焦点的餐厅电视主墙，是由设计师绘出图面，木工师傅再以松木薄板拼组而成的，营造出随性自然感，铺贴面随着墙面转折至背后，打造出仿若完整木墙的视觉延伸效果，木质元素更与天花的钻泥板材质相呼应。

04

05

设计细节

04 / 特殊水泥地坪

公共厅区大面积采用特殊水泥地坪，将地板整平后，经由 8 ~ 10 道专业处理工序，完工后的地坪厚度约为 3mm，克服传统的水泥地坪容易起沙、龟裂等问题。材质黏着性佳，加上表面平滑，可用于金属、木板、瓷砖等各式材质表面，使用范围非常广泛。

05 / L 型原木 × 铁件餐桌

餐厨区由于开放式规划关系，因此设计师将中岛与餐桌结合成为一个整体，令空间视觉更加利落。需先完成木质中岛结构，预留约 8 ~ 10cm 原木桌板厚度，最后再将板材嵌入、同时组装下方订制铁件桌脚，才算大功告成。

06 / 主卧更衣间围篱

屋主喜欢非制式材质与造型的收纳柜体，因此设计师采用订制铁网门片圈出特殊的主卧更衣间，内含一整排完整上下吊杆与层板、抽屉等置物空间，打造充足的衣物软件收纳功能区域；镂空的材质特性也完美解决主卧因切割所带来的视觉压迫感。

case 16

现代工业感

TEN
FRANCE
POSTE

新北市
老房 _35 坪
夫妻、1 女

卸下过多人工装饰，创造耐人寻味的空间

文| 余佩桦
图片提供| KC Design Studio

源自于旧仓库、旧工厂所演变而成的工业风格，不过度装潢、裸露原始结构，让愈来愈多人欣赏与着迷，不止是在咖啡厅，许多屋主也开始以这种粗犷的风格布置家里。这间位于新北市老房的主人林先生与太太，两人同样迷恋这种不造作、带点个性的设计，所以翻修这间房子时 KC Design Studio 便以工业风作为基调，在这里可以感觉得到一点点粗犷、一点点复古，但其实，嗅到更多的是空间中那耐人寻味的味道。

老房子承袭之前的规划，总是有一些问题存在，所以在规划时设计师首先将空间中不必要的隔间拆除，找回量体也找回尺度，同时也符合工业风里没有特定隔间的特色。空间被打开之后，将客厅、餐厨、吧台区整合成一大块，就连阳台也运用透明折门进行串连，小环境的界定不再清晰，也带出一种随性、自在的设计态度。主卧室同样延续这样的概念，设计师将卧室门与室外墙做联结，带出一道斜角设计，随着斜角引领便能进入到卧室内，不刻意再做一道门阻隔，通过柜体、书桌来做区分，感受空间开放、无压的同时，也能体验到线条层次。

这个空间不像一般的工业风居室只有粗犷、冷冰冰的感觉，原因在于设计师让工业风中常用的文化石墙、铁件、水泥粉光、抿石等材质以“面”的概念来呈现，视线会由材质做引导，感受工业风格的精神性，也让居家空间的变化更为丰富。另外，设计师还善用一些带有特殊质感与色彩的家具家饰、生活饰品来做搭配，像是具温润感的茶几、红色的活动柜、舒适的地毯……彼此相融在一起，让整间屋子产生了美妙的化学作用，也让工业风都变得温暖又迷人。

屋主 林先生本身喜欢运动、下厨，渴望在开阔、无拘束的空间中运动、健身；偶尔邀请好友到家中坐客，分享美食的同时也能在环境里创造互动。

格局 玄关、客厅、餐厅、厨房、主卧、更衣室、主卫、小孩房、客房、客卫、前后阳台

建材 水泥粉光、黑铁铁件、毛丝面不锈钢、文化石、木地板、抿石子、EMT 管、轨道灯、平光油性喷漆、柚木集层材、硅酸钙板、松木夹板

1 大面折门让室内外零距离

工业风的空间里因为没有特定的隔间，不仅带出宽阔也创造无私感。在这个空间里运用大面折门替客厅和前阳台做了界定，看似独立的小环境，其实彼此之间再也没有任何距离感。

2 光与影让家的味道更迷人

夜晚时分，工业风住宅在轨道灯、立灯的照耀下，空间立面与线条以及层层光影变得更加明显，材料质感也被清楚地显现出来，更重要的是还带出不一样的味道与感受。

3 打开空间找回应有的明亮与尺度

老屋前身规划了不少隔间，但在了解居住人口之后，设计师选择打开这个空间，整体变得更加干净、利落，同时也找回了应有的明亮感与生活尺度。

4、6 开放式餐厨区创造人性互动

常常觉得工业风特别有人味与个人特色，那正是因为率性的态度让布置可以很随性，就连生活小物也能成为一种装饰。设计师特别规划了吊柜，除了可以摆放锅碗瓢盆，随性挂在窗边、壁面，甚至随手将其高高叠起也能成为装饰。

5 把开放式概念注入到卧室里

设计师将门与室外墙联结，形成一个斜角设计，顺着角度便能进入到卧室内，不刻意做门阻隔，同时内部也由柜体、功能来做划分，感受空间开放、无压的同时也能感受线条层次。

01

02

Detail

设计细节

01 / 接近真实的水泥质感

为凸显工业风的不造作，地坪就以最单纯的水泥粉光呈现，加工不多、处在接近真实状态，也让人直接看到水泥材质的原汁原味。

02 / 特殊处理制造仿旧粗犷感

壁面仿旧、粗犷的砖墙效果，其实是设计师结合文化石、填缝剂，以手工方式完成的，必须控制力道才能靠填缝剂带出旧旧、脏脏的感觉。

03 / 黑铁带出深色张力

工业风常见的铁件在这个空间里当然也没有缺席，运用黑铁架构出吊柜，看见黑色铁件迷人的张力，也让收纳变得不一样。

04 / EMT 管让管线变得有趣

设计师选择运用 EMT 管将水电管线进行包覆，质感与工业风很搭，透过其可以弯折的特色，让管线在墙上变得格外有趣。

case 17

Loft 感工业风

高雄市
新房 _72 坪
夫妻、2 子

水泥基底搭复合材质，展现结构、装饰美感的现代工业风

文｜许嘉芬
空间设计暨图片提供｜维度空间设计

“育有二子的夫妻俩希望新家能让小朋友开心奔跑，拥有宽敞又舒适的成长空间，一方面也由于两人皆曾经于国外留学，十分向往不受拘束、自在的 Loft 工业氛围，因此沟通设计阶段即非常明确地定调空间主轴。”设计师说道。

对于格局架构，为了更加凸显 72 坪的开阔尺度，设计师选择拆除客厅后方的隔间，重新规划为餐厅，至于一进门的入口处采取穿透性的铁件展示柜区隔出玄关以及钢琴区，让整个公共厅区呈现全然开放、宽敞且紧密维系家人互动的美好关系，而自展示柜所延伸的吧台角落则是巧思融入如咖啡馆般的放松氛围，提供屋主在此阅读或是上网等用途，也通过台面的串联延续，更为放大空间感受。

相较于工业风居家多半予人粗犷、冷冽的印象，在这个空间里，设计师结合了屋主喜好，试图加入关于材质、家具家饰等细节的处理。从基本的工业风元素着手，墙面、大梁多以取自水库淤泥、颗粒细腻且不易龟裂的超薄仿制水泥砂浆涂布；往中岛厨房望去，可见仿水泥纹理与复古白砖的搭配，增添视觉的丰富变化，同时也是为了方便好清洁；转身走向客餐厅，深浅不一的文化石墙经过特意地敲打边角，加上稀释水泥砂浆为填缝，营造出如真实红砖墙般的复古效果；而沙发一侧同样贴饰文化石的柱体，其实是作为客、餐厅的区隔并顺势延伸规划出矮柜，再者也巧妙修饰了全热交换器的管线。

屋主 夫妻俩皆曾经在国外生活，喜欢 Loft、工业感的宽阔与随性生活感，也希望居家能让小朋友自在地奔跑玩耍。

在此空间基调之下，设计师也选用具有独特纹理刻痕的原木创作出玄关展示柜，结合工业铁件元素呈现如居家博物馆般的氛围，

完美陈列着男主人的收藏；到了主卧房则运用横向拼贴规划床头主墙，为空间注入暖意。灯具的多元运用也是此案例的重点之一，从玄关入口选搭了古铜金吊灯，钢琴区则是特殊的乐器造型灯饰，厨房转换为金属、结构感强烈的灯具，餐厅区域则是温馨且略带现代感的吊灯，透过对材质与色彩的专业掌握，充分发挥工业风不受限的风格包容特性。

格局 玄关、客厅、餐厅、厨房、主卧、更衣室、小孩房、卫浴
建材 超薄仿制水泥砂浆、桧木钢刷、铁件、文化石、冲孔钢板烤漆、OSB 板

1 / 跳色拼法创造仿红砖效果

电视主墙采用深浅不一的文化石拼贴，为了模拟粗犷的红砖墙效果，特别敲打文化石的四边，加上以稀释过的水泥砂浆作为填缝，创造出仿旧、复古的味道。

2 / 如博物馆般的金属展示架

玄关处使用具有穿透性的铁件展示柜，呈现如博物馆般的效果，满足屋主陈列个人收藏的需求，一方面也规划出女主人专属的琴房功能，独特的古铜金乐器灯具也为家中增添一份艺术美感。

3 / 拆一房营造开阔感与轻松氛围

将原有 3+1 房的格局微调，拆除客厅后方的隔间，重新规划为餐厅，获取开阔舒适的空间，让两个小朋友能尽情地奔跑玩耍，也符合由仓库演进的 Loft 风格、工业风格所诉求的宽敞感。

4 / 水泥混搭复古砖增添视觉丰富度

中岛厨房特别运用超薄仿制水泥砂浆搭配白色复古砖，加上墙面刻意的斜贴设计，让空间视觉更加丰富，而为了幼儿安全所设置的栅栏，也经过旧化与洗白处理，让整个风格更到位。

3

4

5

6

7

5 / 自然原木拼贴创造空间暖意

主卧房床头选用原木拼贴，非等比例的设计与粗犷的纹理，创造出自然温暖的氛围，借此平衡刚硬、冷冽的工业风格基调，侧墙展示柜与床边柜则特意置放于水泥结构基座之上，让柜体犹如展示品般陈设，而非仅是家具。

6 / 旧木家具再利用展现独特与随性

将屋主旧家的柚木餐桌予以保留，巧妙变身为主卧房的电视架，并运用层层上漆、研磨等工序制造出怀旧复古感，充满时间的痕迹与手感，也与工业风更为吻合。

7 / 粗犷肌理 OSB 板凸显空间个性

主卧房更衣间采用环保且具粗犷肌理的OSB板作为背景墙面，加上以铁件元素打造柜体结构，带出另类的结构裸露，创造出视觉的通透与延伸效果。

01

02

Detail

设计细节

01 / 类水泥建材点出工业主题

浆取材来自水库淤泥，颗粒细腻不易龟裂，且具有良好的透气性。

02 / 隐藏流畅顺手的缓冲滑轨

看似铁件的收纳柜体，其实结构主要以坚实的原木打造而成，再利用金属元素作为表面设计，同时搭配奥地利 blum 缓冲滑轨为抽屉五金，免去单纯铁件抽屉开关易卡手的问题，操作上更加流畅顺手。

03 / 手作拼贴重现旧物的新生命

设计师特别找了两个老件收藏箱，通过女主人擅长的蝶谷巴特手作工艺，重新展现收藏箱的价值与独特性，同时也成为孩子们最实用的玩具收纳箱。

04 / 冲孔钢板烤漆转换门板风格

原始新房的大门为胡桃木材质，与屋主钟爱的 Loft 风、工业感显得格格不入，设计师巧妙利用冲孔钢板烤漆为绿色、蓝色加以修饰原门板，既达到空间效果又能为工业风注入丰富的色彩层次。

case 18

北欧工业感

52 097
ENGLAND
GER POR

竹南
新房 _37 坪
夫妻、妈妈、2 小孩

用动漫灵魂为住家烙印，三代同堂的北欧工业风透天宅

文｜黄婉贞
空间设计暨图片提供｜臣田室内设计

40 岁童心未泯的男主人喜欢漫画、钢弹公仔，对工业风有着高度兴趣，购入透天厝新房后，经朋友介绍认识臣田设计，希望将住家以工业风为主基调进行改造。

“工业风案例大多出现在咖啡厅等商业空间，呈现手法较为大胆，例如粗糙不修饰的原木表面、锈蚀的铁件等，但这些其实并不适合用在住家中，尤其居住成员包含长者与孩子。”黄献翚设计师说道。所以双方进行讨论时总是上演着有趣的说服与妥协场面，最后设计师在工业风的基调下，糅合了北欧风的细致处理与色彩风格，终于转化出屋主一家专属的全新生活情调。

“谈图沟通过程非常开心，即使男主人对工业风好奇满满、问题不断，但其实相当尊重我们的专业。”黄设计师表示。此外，在实际生活层面上，屋主非常关心妈妈与孩子们的居住健康，主动提出在长辈房、小孩房使用珪藻土做壁面处理，希望每个家人在新居都能拥有最好的安排。

而三代同堂的五口之家生活在单平面面积不大的住家中，格局该如何取舍安排呢？“一楼是全家人主要的公共活动区，必备的功能区域众多，所以尺寸比例合理的家具、功能互补是格局规划关键。”设计师回答道。若是每个功能区域都要能同时容纳一家五口，光是餐厅客厅的桌椅、沙发就要把空间塞满了！所以回归原始考虑、从建筑具备的宽度出发，抓住适当大小的餐桌、书桌、沙发比例，余下的空间则规划窗边一整排卧榻，补足收纳与位置不够问题，如此一来成功兼顾视觉与功能。

屋主 40 岁的双子座男子，动漫、钢弹、漫画都在他的收藏之列，对个性满满的工业风充满好奇与热情，希望打造与众不同的个性住家！

住家使用的材质多元，同一空间中拥有绿色黑板漆、木质、

Carlsberg
KØBENHAVN
1847
PREMIUM PILSNER
WANNA
PLAY WITH
ME!!?

红砖、水泥等元素，因为都属于自然原始风格，令整体画面丰富却不杂乱。用一楼公共厅区举例来说，设计师将每面主墙变成电影中的一个个场景，以“蒙太奇手法”块状拼贴、剪辑完成，火头砖电视墙、谷仓造型拉门、黑板漆面等精彩画面各自呈现。串连场景的关键则非屋主兴趣收藏莫属，像动漫、钢弹公仔、海报、车牌等个性小物被点缀于不同功能区域，让人感受到居住者无处不在的鲜活个性气息，此时的收藏品已经不再单纯拥有装饰功能，而代表着男主人与新家的联结以及灵魂所在。

格局 客厅、餐厅、厨房、书桌区、卧榻区、主卧房、小孩房、长辈房
建材 水泥粉光、epoxy、珪藻土、黑板漆、灰镜、文化石、火头砖、木皮、铁件

1 / 粗犷材质搭配细致触感，混搭全新北欧式工业风

粗犷的火头砖搭配触感细致的谷仓拉门、色彩鲜艳的金属单椅，蒙太奇手法块状设计组搭出屋主专属的北欧式工业风！右侧大门入口旁以灰镜L型填补红砖主墙侧的缝隙，拉平侧边柱体、同时加强视觉景深。

2 / 黑板漆墙绘制钢弹图腾，表达童心未泯的生活态度

一楼公共厅区采用全开放设计，是一家五口平时联系情感的重要区域。黑板漆墙上的钢弹图腾，取材自男主人与儿子喜爱的钢弹收藏，隐喻住家成员童心未泯的一面。

3 / 谷仓拉门暗藏通往上下楼层的入口

谷仓门左右暗藏通往住家上下楼的楼梯通道，特意选择纹理简单的木皮，平衡住家工业风的粗犷氛围；拉门同时也具备减少冷气外流的功能。沙发后方规划水泥台面书桌，方便家人在这里从事阅读、写字、上网等活动；右侧烙印文字为屋主夫妻名字缩写，成为住家独有印记。

4 / 书桌、临窗卧榻成为住家聚会功能座位

当亲友齐聚一堂共同欣赏大屏幕影片时，右侧卧榻就能发挥临时座椅的功能，若人数更多也无须担心，可开放后方书桌成为家庭电影院的第二排！

5

6

5 / **订制四尺灯管吊灯，日光灯绽放创意氛围**

常见的四尺日光灯管在设计师巧手安排下，成为餐厨区独一无二的放射状吊灯。在日暮低垂时，清浅的银白金属色与光线晕染出有别于白天利落感的朦胧情调。

6 / **粉光壁面内嵌 LED 灯，点点星光交织情感氛围**

主卧床头延续厅区风格，木皮纹搭配水泥粉光材质营造沉静冷调睡寝氛围。设计师利用 LED 灯内嵌于粉光壁面，图案隐藏男女主人的双子座与天秤座，成为专属两人的甜蜜装饰元素。

7 / **简洁黑铁、木质视听平台，充足管线配置满足需求**

主卧电视主墙结合平台，由黑色铁件、木板组成简洁画面。壁面设置充足的插座与网络线，为居住者预留未来生活的使用弹性。

7

01

02
Carlsberg

Detail

设计细节

01 / 水泥台面书桌

施工时需先做出Π型木工骨架，再将水泥涂覆其上，最后把下方抽屉等零件组装完成，水泥表面涂上一层 epoxy 可达到保护效果。右侧英文缩写烙印则是用泡沫塑料切割出所需字母，固定在预定位置，装修师傅完成粉光后再拆除。

02 / 壁面瓦斯管置物架

制作简单有型的瓦斯管置物架，设计师需先绘出所需造型、尺寸图面，再请专门厂商订制而成。瓦斯管表面经过烤漆处理成黑色，打造利落简炼的面貌。

03 / 谷仓门造型墙

客厅旁谷仓门造型墙面左右侧皆为轨道门，分别通往地下室与二楼；上方装设谷仓门专用五金、滑轨，令细节更加贴合工业风主题。木皮部分则特意选择全户统一的浅色木皮，借此缓解工业风的强烈粗犷感，巧妙融入些许清爽北欧氛围。

04
GER POR

05

Detail

设计细节

04 / 工业风开关面板

工业风开关面板拥有金属表面，线路走上下明管，着重功能细节达到画龙点睛效果，使整体工业风更加完整。住家想要改用工业风面板时要注意开关若包含双切回路，记得先与厂商确认产品是否符合需求。

05 / 珪藻土镘刀工法墙面

珪藻土的故有印象是能调节湿度的环保建材，但其实它可以调出黑、白、灰等不同色调，粗颗粒表面搭配镘刀工法直接涂覆水泥粉光墙面，兼顾风格与健康诉求。

06 / LED 星座水泥墙面

施工时需定好亮点位置，由于每个亮点灯泡都有各自线路，此时也要整理出全部线路动线、预留出线口；接着找到套件先把灯泡预留孔堵住、师傅再进行水泥表面粉光，最后再装设灯泡。需注意的是，因为粉光无法大幅度抹平，因此表面干燥后色泽纹路会比较多。

case 19

极简工业风

飞行员的极简工业风退休宅，纯粹材质的和谐搭配

文｜陈佳歆
空间设计暨图片提供｜三俩三设计事务所

超过 40 年的老屋位于商住两用的闹市区大楼里，屋主退休后决定将其改造成日后安定的居所，原本以办公用途规划的空间，先前经过多次装修，造成现在无论是格局、管线等都不堪使用的局面，也完全不符合居住条件，设计师大刀阔斧重新整顿，先梳理出空间原始的样貌，再对应生活需求及喜好进行规划。

屋主从飞行员的工作退下，希望保有宽阔无拘的生活空间，同时还要能融入音乐创作的兴趣。设计师首先营造出空间的开阔感，利用开放式的设计让公共空间结合吧台及厨房，创造出居家闲逸自在的休闲感，闲暇之余陪伴个人的音乐兴趣，则以玻璃取代实墙打造自在的创作天地，空间的开阔感也因此不被阻隔；除了满足生活的基本空间之外，另外规划了一间静心的打坐房，隐藏在灰墙之中减少外界的动态干扰。

整体空间材质运用简单，但以设计手法创造空间的独特性，在玄关入口就可以看到显眼的红砖墙，并非以常见的水平手法堆砌，而是经过精算特殊角度后，以人字型慢慢堆砌，创造出有如编织的墙面纹理；充满个性的厨房以不同材质的黑色打造，让空间更为深邃有型，地坪以粉光水泥处理成浅灰色调，呼应着原木、砖墙等自然材质的质朴特点。空间没有花哨的设计方式，而是以最直接的思考，最纯粹的材质应对屋主需求，再简单地搭配几件老式家具，自然而然就从空间中描绘出屋主简约又注重独特细节的个性。

屋主 一位退休的飞行员，平时不但有打坐习惯，还有创作音乐的爱好，将原本是办公室的老房子重新改造，融入个人兴趣与喜好，以空间呼应个性，展开悠闲的退休生活。

ABB
idea

1

格局 客厅、餐厅、书房、打坐室、主卧、主卫、客卫
建材 铁件、粉光水泥、红砖、大理石、木材

1 原始材质营造空间自然质感

宽敞的玄关通过原始材质及设计手法作为整体空间风格的前导，灰色的粉光水泥地坪从入口持续伸进入主空间，营造出沉稳宁静的氛围；储藏室的厚实的木质滑门呼应着红砖的质朴感，加上一进门的明亮采光，使空间散发自然不造作的温暖调性。

2 表现个性的实用厨房

率性黑色永远是表现个性的颜色，厨房材质首先考虑到清洁问题，再选择多种黑色材质相互搭配，包括黑色亮面砖、花岗岩质感的人造石台面、马来漆壁面及门板修饰，通过层叠的材质丰富区域层次。

3 化繁为极简的宁静主卧

包含更衣间及卫浴的主卧，素材及色调的使用更为纯化，在规划充足的收纳空间后，以简单的水泥粉光作为墙面，地板则以木质铺设，为偏冷调的卧房提升温暖感觉。

4 通过生活习惯规划玄关功能

玄关结合屋主的生活习惯细腻规划，从进门开始以铁件打造的衣帽架，以脱下外套及背包的动作感受回家的放松感，位于左侧宽敞的储物间则让经常出差的屋主放置大行李箱等杂物，右侧的客用卫浴不只提供客人使用，也可以让屋主无论出门前或回家后都能简单梳理。

01

02

Detail

设计细节

01 / 人字拼红砖墙及客浴滑门设计

货柜造型隔屏是以木材、烤漆制作而成，搭配真正的金属管线，营造出立体真实的视觉感受。

02 / 复古仿旧家具

屋主专属的音乐创作空间注重实用需求，主要以收纳及家具装饰出空间风格，书桌特别以仿旧造型量身订做，书架则简单地以原木层板加上铁件打造，空间的风格就让屋主的收藏来诠释。

03 / 复合材质打造黑色厨房

踏入这个区域马上就能感受开放式空间的宽阔感，设计师熟练地运用铁件、人造石、木材等丰富材质打造保有一致调性的厨房，一字型料理台搭上中岛及餐桌创造下厨的三角动线，而餐椅则特别选搭电镀铁的老物件表现新与旧、粗犷与精致材质的对比美感。

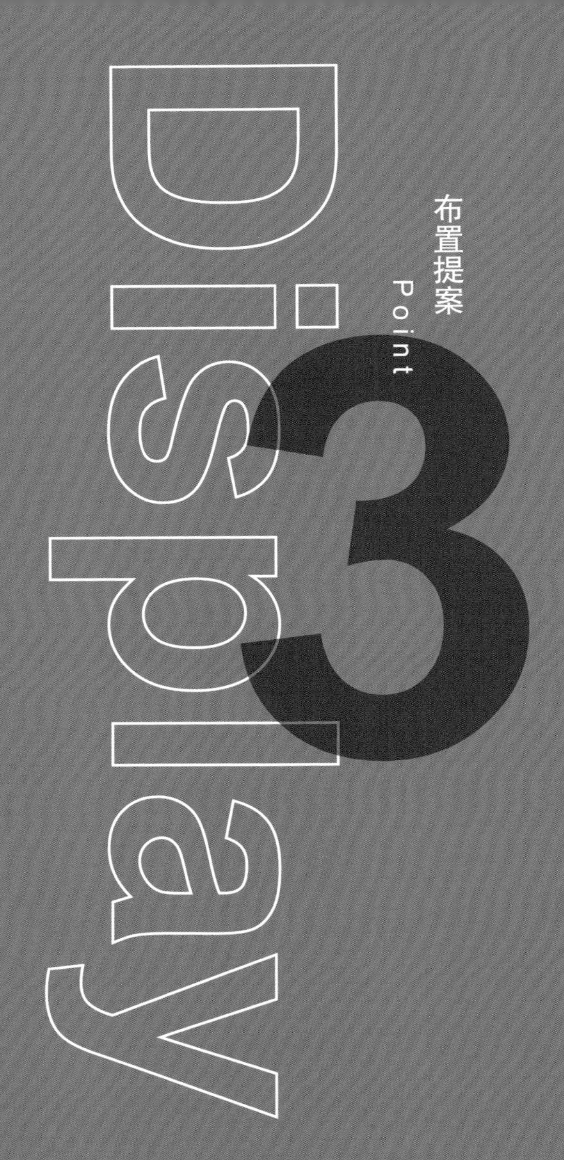
Display
布置提案
Point 3

家具布置提案 Display

简朴的空间印象，以旧家具营造颓废味道，温暖的中性色、深咖啡色，平衡大量铁件材质产生的冷调，流露一种岁月洗礼的沧桑感及故事性。

老件铁椅变阅读角落

谁说看书就得端正地坐在桌前，好的空间随处都能让人停留，两张可爱的小铁椅上随性地叠几本书，再开一盏灯，就是最具气氛的阅读角落，发挥创意和品味即工业风的精神。

摄影 –Yvonne

喜欢较浓厚艺术风格的人，可让空间多一点故事感，利用地面的菱形趣味复古砖为底（或是几何地毯），通过复古桌、铁锈立灯、工业铁柜的搭配，简单的三元素也能制造跨时代的电影场景。摄影 – 江建勋

独特的薄荷绿铁柜是早期银行内所使用的保险柜，别具巧思地运用为衣柜，另外把红酒箱变成有收纳功能的抽屉，虽然使用空间有限，但却创造了独一无二的视觉焦点。摄影 –Yvonne

爬梯造型的铁件隔屏架取代实墙，只要利用简单的 S 挂钩五金，就能成为背包、衣物悬挂收纳的地方！跳脱刻板印象中的无趣阅读空间，具备休闲、随性的工业风个性。图片提供 – 东江斋空间设计，摄影 – 王振华

灯饰布置提案 Display

工业风不会有所谓的间接照明，而是以自然光线和各种灯光去创造日夜氛围，壁灯、吊灯、立灯等多元运用，加上强烈金属感、结构感的设计，呈现工业精神。

慵懒沉静的阅读角落

立灯是很容易入手的工业风产品，只要一盏灯就能把人带进另一个时空，通过金属的色调、锈感和线条塑造空间灵魂，是想要打造个人情境角落必备的对象。摄影 – 江建勋

将墙上的漆面敲打至红砖裸露，地坪保持原始的水泥粉光为最常见做法，让空间制造出粗犷和原始的旧时代感。在餐桌区的布置上，只要选择配上一盏粗犷有特色的工业风灯具，再搭配极简的桌椅，即能创造工业风。摄影 – 江建勋

设计线条简单的工业灯具，圆润的外型和铁制金属搭配藏着历史背景和时代纪念性，简简单单就能成为焦点，可用于家中壁灯。摄影 – 江建勋

原始粗犷的墙面上，选择金属机械灯具，灯臂纤细的特色与空间结构相互呼应，可调角度的设计暖化了工业风的冷调。图片提供 –LOFT29

色彩布置提案 Display

工业风并非只有水泥、黑铁的颜色，想要有点温暖，木头可以染成复古色调，或是搭配鲜艳多彩的抱枕、织品等，既可平衡空间温度，又能带来绝对的舒适感。

复古红色对比黑铁吧台

如果担心工业风没有层次，那就适当加入些微色彩吧！就像这个强烈的黑色系工业风空间，吧台特意漆上复古赭红色，立刻让视觉产生聚焦。图片提供 – 东江斋空间设计，摄影 – 王振华

通过软装饰织品做搭配，除了平衡空间调性、增强舒适感之外，不妨加入鲜明色彩的款式，让工业风更具温暖感觉，同时还能创造具有张力的视觉效果。图片提供 – 成亿壁纸

软装饰搭配中也可以使用带图腾的款式，像是英国国旗、动物等图案，不失原先本风格该有的个性味道，同时还能创造具有张力的视觉效果。图片提供 – 方构制作空间设计

工业风的软装饰搭配上，可尽量选用有色彩的单品，例如以不同颜色组合而成的手工拼贴地毯，豪迈的接缝线保留手作趣味，一旁的仿旧刷色椅凳也让空间更加温暖有人味。图片提供 –K'space 宽庭

材质布置提案 Display

工业风讲究自然原始的材质特性，除了水泥粉光、红砖墙，其他像是木丝水泥板或是镀锌、黑铁、不锈钢等，都是展现个性化、不加修饰的率性态度。

补丁切割线条装饰演绎特有的朴拙冷调

四方椅凳用冷调不锈钢材质以补丁切割般的手法呈现，既锐利又朴拙，极端却不冲突；与一旁的新古典木桌搭配，好像两个时代的交会，却奇异地合拍。图片提供 – 东江斋空间设计，摄影 – 王振华

给墙留一面装饰空间

许多人会感觉只有把空间装饰得满满的，才好像有做什么似的，其实把视觉放置在一个焦点上，其他空间适度地留白，反而更能传达出使用者期待的感觉，如利用一面墙的空间，通过壁纸变换局部氛围，即可在不影响大空间的前提下，满足自我的小小喜好。图片提供 – 林宏一

使用属于轻质建材的木丝水泥板做壁面材质，独特清晰的立体木丝纹理，表现属于木质特有的自然质朴个性，令冷调的工业风格温暖许多。图片提供 – 东江斋空间设计，摄影 – 王振华

木丝水泥板让工业风变温暖

镀锌金属管搭配松绿墙面展现活力

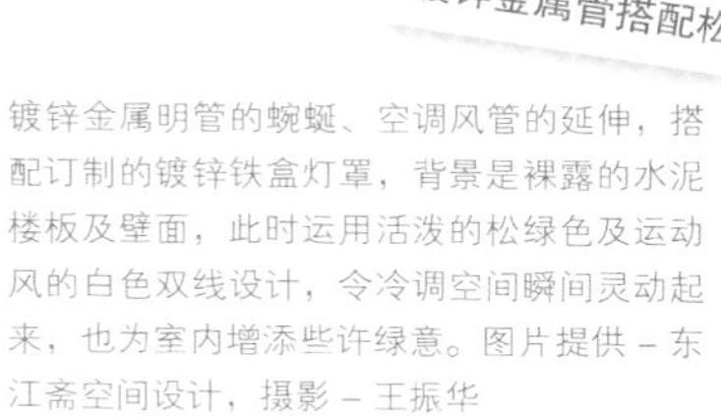

镀锌金属明管的蜿蜒、空调风管的延伸，搭配订制的镀锌铁盒灯罩，背景是裸露的水泥楼板及壁面，此时运用活泼的松绿色及运动风的白色双线设计，令冷调空间瞬间灵动起来，也为室内增添些许绿意。图片提供 – 东江斋空间设计，摄影 – 王振华

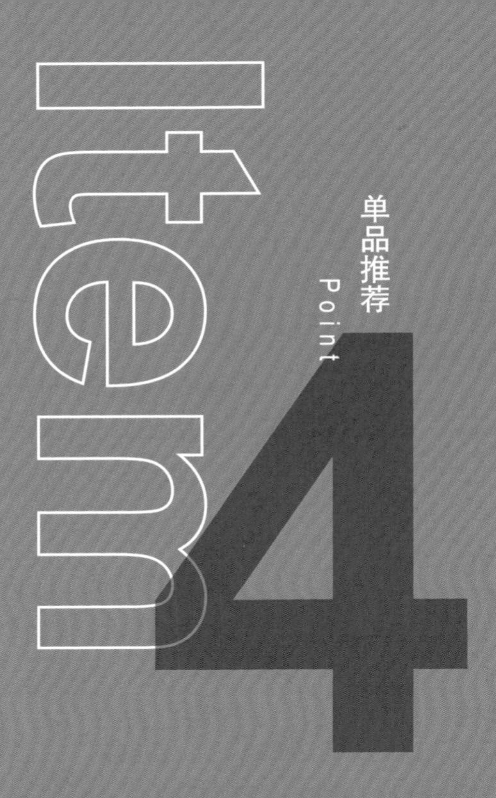
Item
4
Point
单品推荐

工业风经常利用活动家具让布置更有弹性，桌几材质多以铸铁、回收木料、或是具有环保概念的材料进行设计，一方面也会考虑实用性，让家具不只好看也好用，比方像是可以升降的桌子，或是铸铁边桌嵌大理石板，桌面更为持久耐用。

货柜书桌 01

Reinventions 边桌 02

Waste scrapwood table 长桌 03

黑铁冲孔桌 04

01 / 工业风家具除了拥有“高机能性”与“高材质感” 的特色之外，让工业风真正变 cool 的是它的“RE”概念，原本是货柜的材料，摇身一变成为书桌，化身为空间的焦点。图片提供 – 丰巢家居

02 / 第一次世界大战后大量生产、出现在日常家居中的铸铁家具成为工业风代表单品，也保留了“任何事物都在创新”的年代氛围。边桌桌面嵌上大理石板，除了提升整体质感，也让桌面更耐用。图片提供 – 丽居国际家具

03 / 荷兰工业设计师 Piet Hein Eek 将剩木料堆栈制成这个长桌单品，不规则的色彩与自然纹理，为桌子增添岁月美感。图片提供 –MOT/CASA

升降工业桌 05

04 / 由隐室设计自行设计研发的黑铁冲孔桌，简洁利落的线条展现出工业风强调的结构感，尺寸亦可依据空间订制。图片提供 – 隐室设计

05 / 运用实心原木桌板与铁制伸缩桌脚组合而成的升降工业桌，由于桌板部分可经由下方机械装置手摇升降，替工业感家具增添了十足机能性。图片提供 – 集饰 JISHIH

工业风格是经由旧工厂、旧仓库改造所带出的家装风格，在家具单品选择上有几项重要特点，一是延续不造作的特色，无论铁件、原木，或是具备鲜明色彩，均会做仿旧处理，带出洗练怀旧的历史氛围，其二则是不拘泥风格、具备线条简单利落的特质，给人一种很干脆的印象，在家具挑选上也会延续这个方向来做选择。

01 12抽收纳柜

Shop Floor 斗柜 02

BEBOP 03

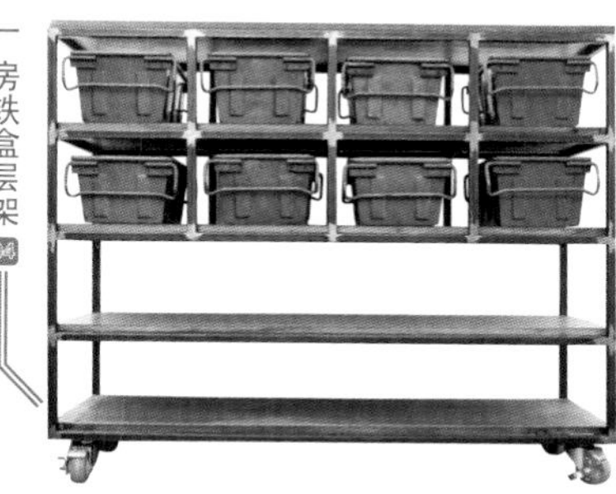

厂房铁盒层架 04

DULTON 玻璃柜 05

01 / 工业风回溯纽约 SOHO 厂房式艺术空间，从厨房拆下的铁柜、灯具或梯子装饰居家，设计师运用黑铁材质打造出 12 抽收纳柜，创造生活兼设计的工业风格。图片提供 – 隐室设计

02 / 金属柜身呈现出氧化光泽感，成功诠释工业风格的经典，在造型、把手部分也加入细腻线条，让家具增添不一样的风貌。图片提供 – 丽居国际家具

03 / 撷取 Bebop 爵士乐派的创新精神，老柚木表面用钢刷工艺与不同以往的做旧铁网，带出一种内敛的狂放风格，仿佛爵士乐手神秘却又迷人的特质。图片提供 – 原柚本居

04 / 集饰 JISHIH 的设计师将新制铁架与旧厂房所用的铁盒相互结合，设计出带粗犷味道的置物层架。图片提供 – 集饰 JISHIH

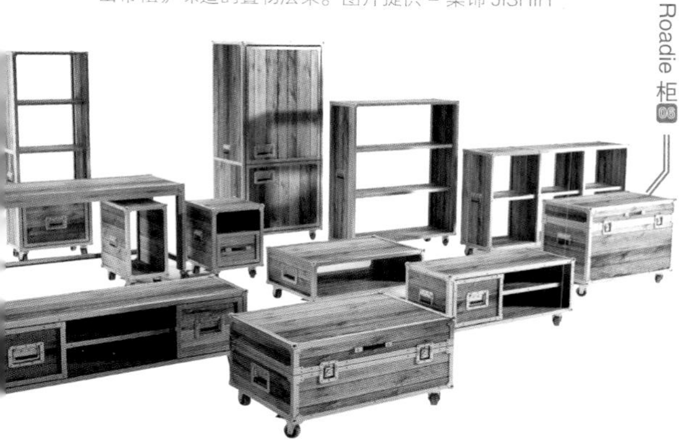

Roadie 柜 06

05 / 源自于日本的家具品牌，以鲜明的金属、工业风格为主要特色，线条简单利落，兼具设计感和功能性，还有其他鲜艳的颜色可选择，为工业风注入活泼感。by 摩登波丽，摄影 –Amily

06 / 以乐器箱作为灵感，通过老柚木与金属边框的对比呈现出前卫的工业风格，特殊的滑轮设计响应乐手生性喜爱流浪的灵魂，也让家中的摆设更具有特色与弹性。图片提供 – 原柚本居

工业风椅凳不脱离铁件、金属、木料这类材质，在搭配上可以用更随性、自在的态度去布置。举例来说，椅凳不只是拿来坐，也可以堆放书籍、或是植栽摆放于空间角落，在移动过程中让功能的安排变得更有弹性。

01／日本品牌的 K Chair 很适合摆在工业风空间，那不败的设计一样经典，导演钱人豪特别选购迷你版，现已成为家中寄养的干贝酱最爱的“主猫”椅。摄影 –Yvonne

02／法国经典的学生椅，每个时代的设计都会有些许不同，这张老件的后椅脚较为外放，而新品也有许多颜色可供挑选。by 56DECO，摄影 –Amily

03／来自法国的 NICOLLE stools，此款为喷砂处理的老件，自然的锈蚀面流露历史的痕迹与风味。by 56DECO，摄影 –Amily

04／工业风家具不单单只是铁件材质的运用，56DECO 负责人 James 设计出铁件与皮革结合的椅凳，具弹性的皮革布料更加舒适，同时也有化解工业风的冷冽质感的作用。by 56DECO，摄影 –Amily

05／自 1934 年推出后，其美丽造型、耐损好清理的特性，早已累积一定的口碑。具有多种鲜艳的颜色选择，此款更带有网洞设计，相当具工业味道。by 摩登波丽，摄影 –Amily

06／NICOLLE 早期推出的工作椅款式，坐垫为类似羊毛毡材质，是新品少见的设计，值得作为收藏。by 56DECO，摄影 –Amily

工业风多半以自然光点亮空间，在灯具选择上多以金属机械灯具为主，清楚地将结构特色转嫁到灯具上，灯臂纤细的特色与结构相互呼应，另外也会选择同为金属材质的探照灯，独特的三脚架造型不但营造十足的工业感，还有画龙点睛的作用。

老式吊灯 01

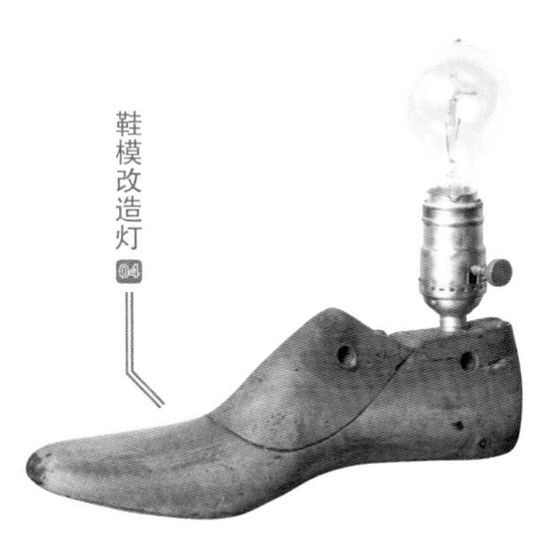

01 / 工业风格老式吊灯特色鲜明，常见有单颗悬吊的造型钨丝灯泡，或是搪瓷灯具、工业灯、工厂灯等，重点在于不可被取代的钨丝灯泡才能照射出的空间的怀旧感。by Luminant，摄影 – 江建勋

02 / 为 20 世纪 40 年代法国工业灯具品牌出产，原本是汽车烤漆钣金技术人员专用，独特的造型在市场上非常稀有，56DECO 负责人 James 收购时仅有灯罩，自己设计铁件关节恢复其功能，很适合挑高空间使用。by 56DECO，摄影 –Amily

03 / 早期出现在船上的壁灯，拥有特殊的裂纹玻璃灯罩，光线柔和温暖，放置在玄关或是走道墙面就很有味道。by 摩登波丽，摄影 –Amily

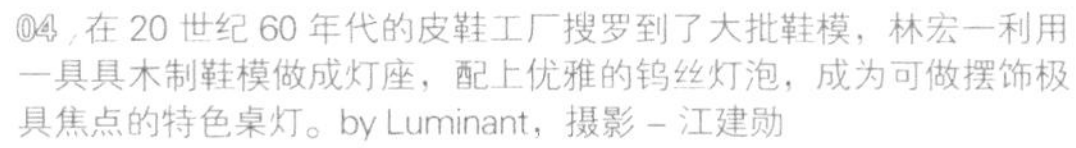

04 / 在 20 世纪 60 年代的皮鞋工厂搜罗到了大批鞋模，林宏一利用一具具木制鞋模做成灯座，配上优雅的钨丝灯泡，成为可做摆饰极具焦点的特色桌灯。by Luminant，摄影 – 江建勋

05 / 来自德国的 KARE Design，以百变风格风靡欧洲市场，这款灯具没有华丽的装饰，单刀直入展现聚光灯的原始风貌，营造十足的工业感。by KARE Design，图片提供 – 法蝶市集

06 / 法国工业灯的畅销经典款，此款台灯属于老件，灯臂关节可以自由伸展，冷色调的金属光泽令人十分着迷。by 56DECO，摄影 –Amily

07 / 出自于瑞典品牌 ZERO 的桌灯，特别在灯具外穿上亮丽色彩外衣，点缀在工业风空间中，点亮空间的同时也带出家中的个性与温度。图片提供 – Fü 丰巢家居

工业风格由旧工厂、仓库改造演变而来，为保留环境特色，原始地呈现了混凝土、砖墙风貌。因此，要想营造具浓厚工业感的家庭氛围，墙面表现占极重要的比例。然而现在想要粗犷水泥、裸露砖墙，还可以选择仿木纹、砖感壁纸，再搭配几件特殊的铁件壁饰，就能把自然不造作的效果呈现出来。

仿涂料壁纸 01

PIET HEIN EEK 02

仿木纹壁纸 03

01 / 独特技术制造出仿真的不规则漆面质感，想省去涂刷麻烦也能用壁纸来取代，效果不失涂料的手感。图片提供 – 成亿壁纸

02 / 源自于 NLXL 品牌的 PIET HEIN EEK 壁纸，仿木纹质感的纹理与色泽都精致呈现，让人看不出是木材还是壁纸。图片提供 – 成亿壁纸

03 / 运用独特印刷、压纹技术，制造出仿木纹的壁纸，技术精湛到就连仿旧处理的效果也能逼真呈现，贴于墙面真的很难分辨得出来。图片提供 – 成亿壁纸

04 / 壁纸表面通过印刷、染色等技术，制造出仿水泥样式的壁纸。水泥工艺施工有利有弊，若真的担心不妨考虑以壁纸取代。图片提供 – 成亿壁纸

GDC 壁纸仿旧系列 06

仿水泥壁纸 04

仿旧斑驳壁纸 05

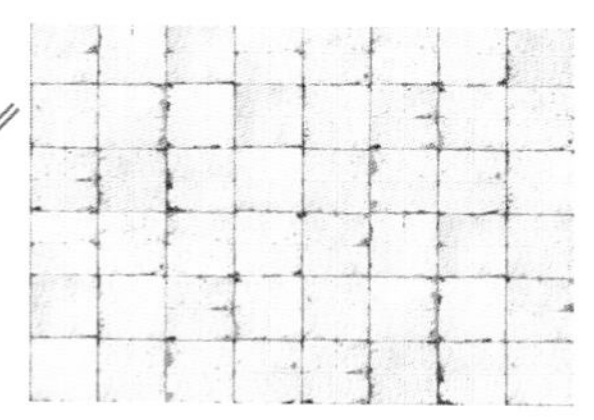

05 / 要贯彻工业风的精神，就不能只住在现代风里幻想，利用现在许多仿真营造复古、怀旧、斑驳墙面的壁纸，让人、家具和环境都能相互结合，才不冲突。图片提供 –Luminant

06 / 独特的印刷技术将实木纹印成细致的壁纸图案，运用于壁面造就不同品味，也让人见识到壁纸的另类美丽。图片提供 –K'space 宽庭

家饰单品推荐 Item

工业风看似粗犷、冷调，其实只要运用家饰单品，反而可以散发屋主的个性，比如像是以一些带有怀旧味道的家饰做搭配，不但能创造出具有生活感的效果，同时还能让工业精神原味呈现。

Z字型衣架 01

壁挂杂志架 02

玻璃收纳罐 03

电话木盒时钟摆件 04

01 / 以黑铁烤漆打造的一体 Z 字型字衣架造型独特，即便是放置于卧房内也很有味道，可吊挂穿过但还没有洗的衣物，或是围巾等配件，很有生活感。图片提供 – 隐室设计

02 / 由明信片陈列架衍生而来的壁挂杂志架，有四本、六本的收纳数量可选择，采用铁件焊接而成，结构扎实耐用，只要选几本国外杂志放置就可以成为壁面最佳的装饰。by 56DECO，摄影 –Amily

03 / 56DECO 主人 James 特别选用本地的口吹玻璃，厚度较厚质感佳，基座也是手作磨出复古感。by 56DECO，摄影 –Amily

04 / 以早期电话作为造型的时钟摆件，刻意在表面做了仿旧处理，让摆件别具味道，摆放空间也能带出不一样的时间感。图片提供 – 集饰 JISHIH

古董手动磨豆机 05

布鲁日工业风机械式手动桌历 06

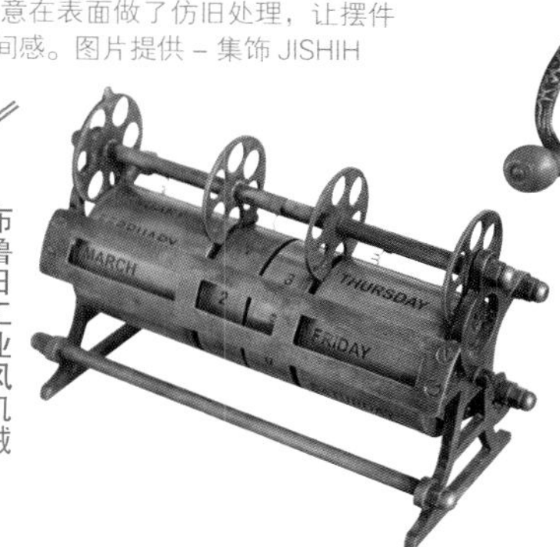

复古收款机 07

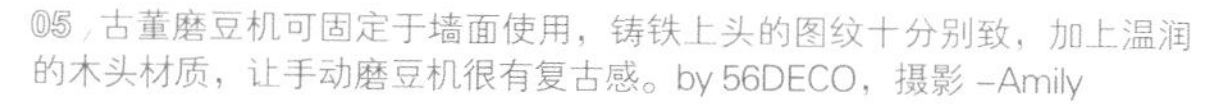

05 / 古董磨豆机可固定于墙面使用，铸铁上头的图纹十分别致，加上温润的木头材质，让手动磨豆机很有复古感。by 56DECO，摄影 –Amily

06 / 机械式手动桌历，在转动之间品味工业设计的经典，也在转动之间散发材质的独特韵味。图片提供 –K'space 宽庭

07 / 56DECO 主人 James 搜藏了很多老式收款机、打字机，有些甚至都还能使用，把玩 60 年代计算价钱的方式也是一种乐趣，同时摆放在柜子上当装饰也散发着经典的美丽。by 56DECO，摄影 –Amily

好店&设计师严选

Point 5

Shop&Designer

好店严选

Shop

巷弄之间，藏着许多欧洲复古老物件，每间风格好店都有着独特的工业家具，有的店主人讲究老物新创作，有些则是引进自然舒适的轻工业感家具，每一家都值得一探究竟。

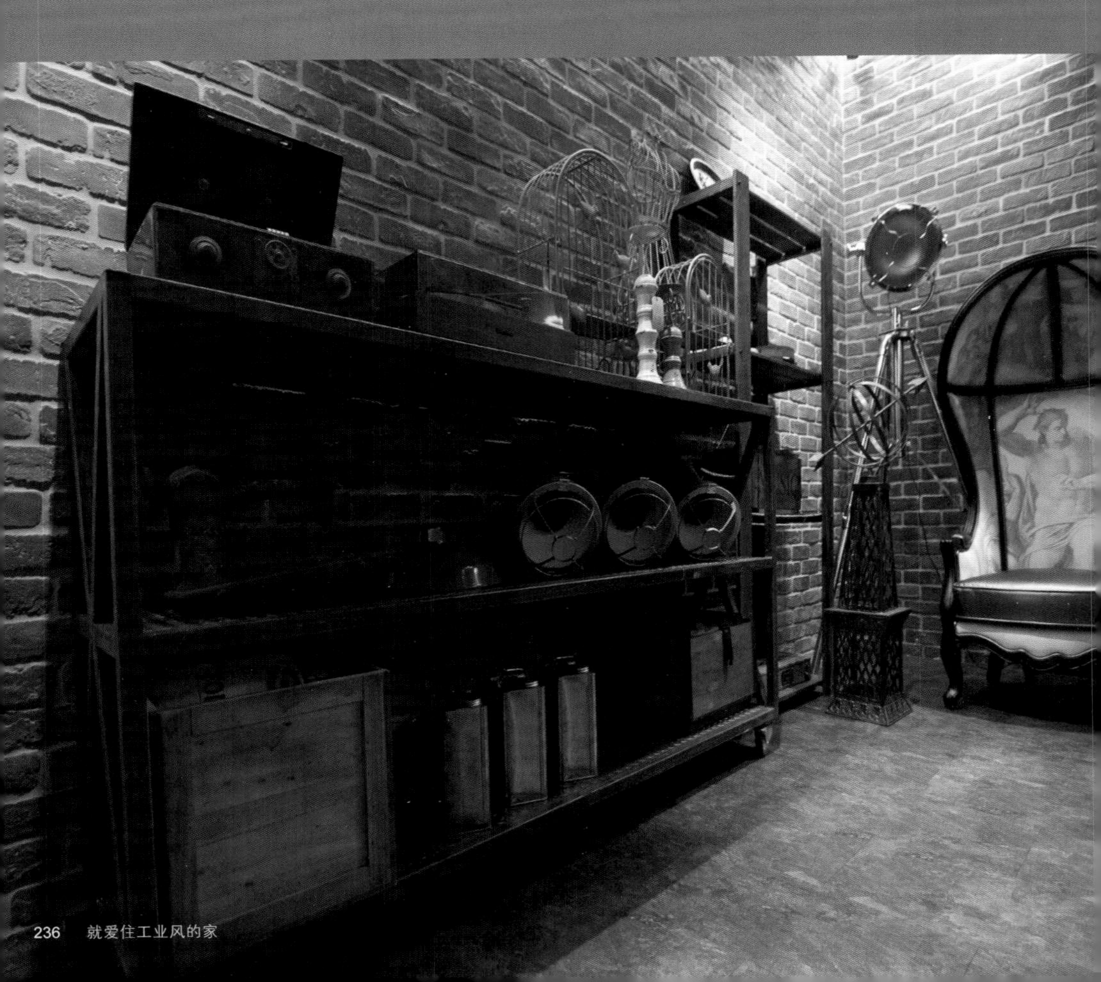

Luminant

欧洲二手老物件为主，
用订制创造新风貌

建筑外貌是不折不扣的老房子，里面是一家店面相当小巧的二手工业家具灯饰店，里头卧虎藏龙堆满了各式各样具有怀旧感的大小杂物，从工业感灯具、家具、古董到古道具无奇不有，来访者多半是直接来“找东西”或“挖宝”的人，店内之物多是来自欧洲的二手老物件，也提供订制设计服务，能为客人创造出仿古的新家居饰物。

地 台北市和平西路二段 105 号
电 02-2375-5252
网 www.facebook.com/luminantlighting

02 法蝶市集

百变风格家具家饰，
随意混搭都好看

法蝶市集成立于 2013 年 10 月，是法蝶寝具旗下的家具家饰门市，代理来自德国的 KARE Design，全球已有 50 多家门市，以百变风格风靡欧洲市场。产品风格有复古质朴的经典仿旧风味家具，也有色彩艳丽的当代风格家具，甚至极具科技感或戏剧化的好莱坞电影风格款都有，大件家具挑基本款，小件家具挑风格款，这里适合喜爱居家布置带有艺术气息的人来选购。

地 台北市松山区八德路三段 32 号 1 楼（城市舞台对面）
电 02-2577-8929
营 11:00~21:30（周一至周日）

03 集饰

自行设计，
打造崭新工业家具

整体以复古、工业为主轴，在这里除了可以找到一些老式家具外，还有设计师自行组合设计的家具家饰可供挑选。

地 新北市中和区建一路 132 号
电 02-2221-8081
网 http://jishih.com/

04 56DECO

专门搜购稀有老件，
重新赋予新生命

以复古老件的家具家饰为主，店主 James 喜欢挑选和市场上有所区别且独特的对象，例如经典的 R.G. Levallois 灯，同时也热爱自行开创各种复古、工业风家具，常常一推出就被抢购一空。

地 台北市玉门街 1 号
电 02-2737-3350
脸 https://www.facebook.com/56deco.56
信 56deco.jc@gmail.com

Mountain Living 原柚本居

简洁多变的色彩，传达轻工业居家氛围

崇尚绿色设计的 Mountain Living，以简洁利落的线条及多变的色彩颠覆工业风冰冷厚重的金属感；将无垢原木结合再生铁件等环保异材质，让艺术与生活零距离地紧密接触，勾勒出自然、舒适的轻工业风居家设计。

地 台北市内湖区内湖路一段 312 号 1、2 楼
台北市内湖区新湖一路 128 巷 15 号 4 楼
台北市信义区烟厂路 88 号，诚品生活松烟店 2 楼
电 02-8751-5957
网 www.mountainliving.com.tw
脸 www.facebook.com/mountainlivingTW

丽居国际家具

曼哈顿为灵感，混搭美式工业风

占地 400 坪的丽居国际家具，不同楼层以 Loft 风格、美式、新古典作为区隔，5 楼以曼哈顿艺术家群聚的生活区为灵感，并刻意选择旗下带有工业风、Loft 风元素的商品。例如皮革沙发会选择原色、皮革鞣制效果仿旧或带自然皮纹色泽的款式；布面沙发则多偏向素色、中性色调；木器类商品则多为不上漆、无染色的原色木料，甚至搭配有仿锈效果的金属材质或装饰铆钉。

地 台北市内湖区行爱路 141 巷 18 号 5 楼
电 02-8791-1788
营 10:00~19:00(周一至周日)

07 丰巢家居

以合理定价，
提供多元工业家具

The Fü Store 丰巢是一家关于生活风格与趣味的家具家饰店，以都会艺术家的家居生活为蓝图，提供现代、多元以及带点工业复古风的家具，鼓励混搭与多元的生活风格，商品定价合理，希望每一个人来到 The Fü Store 丰巢都能够轻松自在地悠游在高质量的家居产品世界里。

地 台北市大安区建国南路二段 151 巷 48 号
电 02-2707-7731
营 11:00~20:00(周一至周日)
信 info@fuhaus.com

08 K'space 宽庭

全方位风格产品，
诠释欧陆家居风景

店内引介不拘泥的家饰风格、极具趣味的商品，从织品、餐具到家具，全方位呈现地道具有人文深度的欧洲生活空间。

地 台北市信义区松高路 11 号 1F (信义诚品 1F)
电 02-2723-2298
网 www.kspace.com.tw

09 Rü skasa 原木家俱

结合木工技艺，
发挥木头生命力

简洁质朴的线条呼应木头原始的生命力，去除无谓的装饰，忠实呈现木头纹路的美感，让自然的元素与生活做最直接的接触，佐以渐渐失传的传统木工技艺，老师傅完美演绎传统榫卯技法，一件一件地用双手精准打造，传达最真实的感动。

地 台北市中山北路二段 26 巷 15-1 号
电 02-2581-2837
网 www.ruskasa.com

10 W2-Wood Work

老木材注入新意，
独一无二的自然环保木家具

运用老木料设计出家具及家饰，不仅延续老木料的生命，也让家具家饰呈现不一样的人文情感与质感。

地 台北市大安区辛亥路 3 段 157 巷 22 弄 1 号
电 02-2737-3350
网 www.w2woodwork.com

设计师严选

Designer

没有所谓的特定风格，而是针对这群喜爱工业风格的屋主，从个性特质、兴趣爱好、空间条件等环节，重新定义空间与人能相互联结的个性工业风。

方构制作空间设计
彭任民 / David

以人为出发点，
不拘泥任何风格

不让空间拘束或局限于任何风格，可以是现代人文，日式禅风，也可以是美式古典或低调奢华，期望通过与每一位业主的沟通，创造出所适、所需的居家风格。

地 台北市民权东路 6 段 56 巷 31 号 1F
电 02–2795–5231
信 fungodesign@gmail.com
脸 搜寻 方构制作空间设计

地 台北市仁爱路 3 段 24 巷 3 号 1F
电 02–2784–6806
网 http://insitu.com.tw
信 situworks@gmail.com
脸 www.facebook.com/INSITUx

隐室设计
IN SITU INTERIOR DESIGN

美术设计背景，
天马行空发挥创意

过去多半都是咖啡馆装修居多，近年来也有越来越多居家空间设计作品。设计总监白培鸿拥有丰富的美术设计背景，因此对空间的思考截然不同，认为空间设计并没有一定的框架，而是来自不同的屋主性格、喜好，喜欢花很多时间和屋主们聊天，为他们创造有别于时下的住宅样貌。

浩室空间设计
邱炫达 / Kevin Chiu

量身订做，
打造最适合的居所

由室内设计与平面设计专业人员相互配合设计，不仅具有室内设计的深度，再加上平面设计的美学相佐，量身订做、因地制宜，与业主充分沟通，了解生活习惯大小事，进而规划出最适合的居所。

地 桃园县八德市介寿路 1 段 435 号
电 03-367-9527
信 kevin@houseplan.com.tw
网 www.houseplan.com.tw

地 台北市士林区中山北路 7 段 38 巷 7 号
电 02-2876-5099
信 baba750702@gmail.com
网 www.facebook.com/topocafe

拓朴本然空间设计
睿哲、蓓蓓

尊重空间本质，
创造实用兼具美学的生活风景

拓朴本然：拓——开拓心的梦想、朴——回归心的朴实、本——还原心的本质、然——善用心的自然，一家巷弄内的小咖啡馆融合心的设计公司，从不为了设计而设计，只坚持因为生活，设计才之所以存在，有存在必要的设计才经得起时间的考验。

法兰德室内设计
吴秉霖、徐国栋、汪铭洋

以功能诠释空间思维，让家与人产生联结

以如何创造出丰富且多元的空间，让居住者本身与房子产生联结的情感，并倾向从舒适角度和人性化设计去诠释空间思维，提供给屋主的不仅仅是高品味的装潢，更是一种崭新的生活感受与情感交流。服务项目包括现场咨询、空间规划、提供 3D 彩图、设计装修以及完工现场照。

地 桃园市桃园区庄敬路 1 段 181 巷 13 号
台中市西区公益路 60 号
电 03-317-1288
信 amber3588@gmail.com
网 www.facebook.com/friend.interior.design

06 日和室内装修设计有限公司
吕宗儒 / Johnny Lu

融入趣味创意，让家更有特色

当空间设计有了更贴近人的创意，生活的趣味也随之多了起来。日和设计成立于 2007 年夏天，设计范围包括室内设计、平面设计、产品设计，发挥对创意的坚持以及将其完整地体现。

地 台北市民族西路 31 巷 12 号 2F
电 02-2598-6991
信 jc@hiyori.com.tw
网 www.hiyori.com.tw

Reno Deco Inc.
萧佳峻

回归屋主生活形态，
给予风格与功能满足

RenoDeco，Renovation & Decoration中文直译就是“更新与装饰”。除了提供住宅和商业空间的装修，RenoDeco更有独特的物业服务，房东买了房子之后可以交由RenoDeco，从装潢改造至寻找房客皆可统包，用专业和热情营造自在舒适的居住空间，在简单平实内装点光华。

地 台北市仁爱路4段314号3F-1
高雄市苓雅区五福三路147巷9号
电 02-2709-4520；07-282-1889
信 service@reno-deco.net
网 www.reno-deco.net/

08 拾雅客空间设计
许炜杰、刘芳竹

用设计注入风格，
依需求带入功能

以合乎居住者的生活特质进行空间规划，借助设计注入风格，依需求带入适合的功能，再通过色彩、材质搭配出舒适的居家氛围。

地 新北市永和区中山路1段24号2楼
电 02-2927-2962
信 syk@syksd.com.tw
网 www.syksd.tw

维度空间设计
冯彦钧

以生活风格的提案者自许，乐于倾听业主的需求、解决业主关于空间设计的任何问题，通过专业的规划及施工团队，让装饰变得更有意义，满足每一个居住者心中对于家的诠释方式。

地 高雄市新兴区洛阳街 87 号
电 07-363-5916
信 billfong.did@gmail.com
网 www.did.com.tw

禾睿设计
黄振源、邱凯贞

相信通过设计，可与每位业主分享生活的喜悦。观察生活中任何一个微小片段，将细节的设计作为对这些片段的响应，这是尊重生活的一种态度；坚持以精准理性的操作，结合光线、形状、色彩，创造自然感性的空间氛围。

地 台北市松山区民生东路 3 段 110 巷 14 号 1 楼
电 02-2547-3110
信 info@lcga.net
网 lcga.net/projects

纬杰设计
王琮圣

提供 3D 设计图，对家的想象更完整

秉持专业的空间规划设计理念，坚持高质量的责任施工态度，给予屋主舒适的居住环境，同时强调与屋主之间的沟通，融合使用者的实际需求及品味喜好。

地 台北市和平西路 2 段 141 号 3F-4
电 0922-791-941

WW 空间・设计
王紫沂、吴东叡

无国界无设限，打造多元风格居家

WW design (WW 联合设计事务所) 为大玺室内设计及品品空间设计联合而成立的工作团队，现以全方位多元的设计定位，秉持着设计无界限的理念，设计领域包含住宅设计、商业空间、公共空间及建筑外观设计。不局限风格特色的空间创作，从极简到奢华，跨越中西，是 WW design 无国界无设限的创作力体现的设计宗旨。

地 台北市大安区济南路 3 段 44 号 2 楼
电 02-2752-2456
网 www.wwdesign.com.tw

13 KC Design Studio 曹均达、刘冠汉

舍弃无装饰，
强调人、活动及环境联结

设计不只解决与满足需求问题，跳脱单纯的形式，试图在不同空间中注入风格味道与潜在概念，让生活是舒适更是一种享受。

地 台北市中山区农安街 77 巷 1 弄 44 号 1 楼
信 kpluscdesign@gmail.com
网 www.kcstudio.com.tw

地 新北市新庄区思源路 481 号 11 楼
电 02-2277-4456
信 vincent.v6146@msa.hinet.net

14 韦辰室内装修设计 林农珅

讲究工程细节，
完成屋主对家的梦想

重视质感多过案件数量，为屋主打造专属的最佳居住空间。沟通在设计上是一门学问，也是一切根本的开始，必须有良好的沟通交流项目才的实施得以完善而周全，而设计师的任务就是协助每位屋主完成对家的一种梦想。

15 臣田设计
黄献翚

强调空间的流动感，改善大环境里建筑规划因通用设计而衍生出的不适性，重新定义空间的使用形态，主张以人为本为设计思想，发掘空间使用者对于所谓“家”抑或是“空间”的精神主张，进而将设计导入其中，调配形态、材质、色彩、光影，打造具有个人生命气息的专属空间。

地 台中市南区建国南路 1 段 228 号
电 04-2261-0297
信 ct.archarea@gmail.com
网 ctarcharea.com

16 丰墨设计
王宪川

定义空间构成的元素，使其产生“对话”，在空间中形成“张力”；将居住者（使用者）内心真实的生活感受转换成对空间的感动，进而产生归属感。

地 台北市松山区复兴南路 1 段 57 号 7 楼
电 02-2601-9397
信 mail@formo-design-studio.com.tw
网 www.formo-design-studio.com

三俩三设计事务所
陈致豪、曾敏郎、许富顺、颜逸旻

设计强调以人为本，仔细倾听每一位屋主对于居家的期待，善于运用自然材质纹理和简单化色彩，营造温馨细腻的生活情境，作品具有浓厚人文特质，清新隽永。

地 台北市信义区忠孝东路 4 段 553 巷 16 弄 7 号 3 楼
电 02-2766-7323
信 323space@gmail.com
网 www.facebook.com/323interior

大名设计
邱铭展

强调如何巧妙地结合空间与业主的本质需求，且设计的巧思除了寻找空间的无限可能性，更是会结合整体空间的平面及视觉使作品具有完整性。每一次的设计都是一个新的挑战，在空间、功能、材质中寻找新的视野，创造新的做法并实行。

地 台北市中正区新生南路 1 段 54 巷 11 号 2 楼
电 02-2393-3133
信 jensen.chiu@taminn-design.com
网 www.facebook.com/taminnDesign

内 容 提 要

工业风装修掀起了一阵浪潮，从商业空间设计扩散至住宅设计，工业风令人着迷的地方在于其多样性与独特性。工业风设计既可以和温润的木头材质结合，为家庭增添暖意；也能融合法式家具家饰，为家中的工业风装修增添一份优雅的味道；抑或是搭配色彩明亮的家饰，把控两种不同氛围的比例，展现工业风独有的包容性。

书中精选了 19 个经典的工业风装修设计案例，呈现出一个个独一无二的工业风住宅设计作品。在天、地、壁、隔间、采光照明等方面以图文形式说明设计细节并提供工业感家具、灯具、材质及色彩的布置提案，搜罗了设计工作室及设计师名单资讯。引发你对工业风的向往，深入解析工业风的迷人魅力与打造要领，让你看得到，学得会，更做得到！

我们北京市版权局著作权合同登记图字：01- 2017-5516 号

图书在版编目（C I P）数据

就爱住工业风的家 / 漂亮家居编辑部著. -- 北京 :
中国水利水电出版社, 2017.9
ISBN 978-7-5170-5894-6

Ⅰ. ①就… Ⅱ. ①漂… Ⅲ. ①室内装饰设计 Ⅳ.
①TU238.2

中国版本图书馆CIP数据核字(2017)第233416号

策划编辑：庄晨　责任编辑：陈洁　加工编辑：白璐　封面设计：梁燕

书　　名	就爱住工业风的家 JIU AI ZHU GONGYEFENG DE JIA
作　　者	漂亮家居编辑部　著
出版发行	中国水利水电出版社 （北京市海淀区玉渊潭南路 1 号 D 座 100038） 网　址：www.waterpub.com.cn E-mail：mchannel@263.net（万水） sales@waterpub.com.cn 电　话：（010）68367658（营销中心）、82562819（万水）
经　　售	全国各地新华书店和相关出版物销售网点
排　　版	北京万水电子信息有限公司
印　　刷	北京天恒嘉业印刷有限公司
规　　格	160mm×210mm　16 开本　15.75 印张　327 千字
版　　次	2017 年 9 月第 1 版　2017 年 9 月第 1 次印刷
定　　价	68.00 元

凡购买我社图书，如有缺页、倒页、脱页的，本社营销中心负责调换